今すぐ使えるかんたんmini

Imasugu Tsukaeru Kantan mini Series

Word & Excel & PowerPoint 2019 基本技

JN015611

技術評論社

本書の使い方

- 画面の手順解説だけを読めば、操作できるようになる！
- もっと詳しく知りたい人は、補足説明を読んで納得！
- これだけは覚えておきたい機能を厳選して紹介！

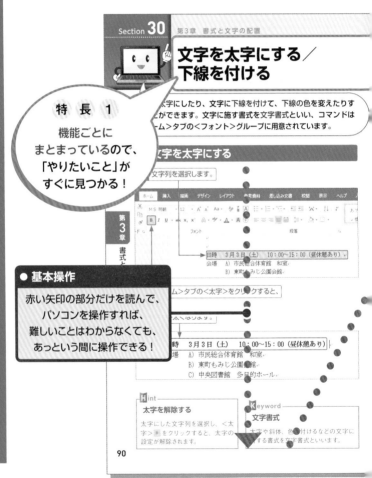

特長 1

機能ごとに
まとまっているので、
「やりたいこと」が
すぐに見つかる！

Section **30** 第3章 書式と文字の配置

文字を太字にする／
下線を付ける

太字にしたり、文字に下線を付けて、下線の色を変えたりすることができます。文字に施す書式を文字書式といい、コマンドはホーム>タブの<フォント>グループに用意されています。

第3章 書式と

文字を太字にする

文字列を選択します。

日時　3月3日（土）　10：00～15：00（昼休憩あり）
会場　A）市民総合体育館　和室
　　　B）東町もみじ公園会館

● **基本操作**

赤い矢印の部分だけを読んで、
パソコンを操作すれば、
難しいことはわからなくても、
あっという間に操作できる！

ム>タブの<太字>をクリックすると、

時　3月3日（土）　10：00～15：00（昼休憩あり）
場　A）市民総合体育館　和室
　　B）東町もみじ公園会館
　　C）中央図書館　多目的ホール

Hint

太字を解除する

太字にした文字列を選択し、<太字>をクリックすると、太字の設定が解除されます。

Keyword

文字書式

太字や斜体、色を付けるなどの文字に対する書式を文字書式といいます。

90

2

特長 2

やわらかい上質な紙を
使っているので、
片手でも開きやすい！

● 補足説明

操作の補足的な内容を
適宜配置！

Memo
補足説明

Keyword
用語の解説

Hint
便利な機能

StepUp
応用操作解説

2 文字に下線を引く

1 文字列を選択します。

Memo ―
下線を引く

＜ホーム＞タブの＜下線＞Uをクリックすると、設定されている線種で下線が引かれます。左の操作のように、下線の種類を選んで引くこともできます。下線の色は、文字と同じ色になります。

2 ＜ホーム＞タブの＜下線＞の▾をクリックして、

3 下線の種類をクリックします。

日時 3月3日（土） 10：00～15：00（延休憩あり）
会場 A）市民総合体育館 和室

4 下線が引かれます。

3 下線の色を変更する

1 下線が引かれた文字列を選択します。

2 ＜ホーム＞タブの＜下線＞の▾をクリックして、

3 ＜下線の色＞を

その他の下線(M)
下線の色(U) ▶ ■ 自動(A)
テーマの色

4 設定した色をクリックします。

日時 3月3日（土） 10：00～15：00（延休憩あり）
会場 A）市民総合体育館 和室

5 下線の色が変更されます。

Hint ―
同じ下線を繰り返す

手順 5 以降、文字列を選択して＜下線＞Uをクリックすると、ここで設定した書式が反映されます。

第 3 章 書式と文字の配置

特長 3

大きな操作画面で
該当箇所を
囲んでいるので
よくわかる！

91

パソコンの基本操作

- 本書の解説は、基本的にマウスを使って操作することを前提としています。
- お使いのパソコンのタッチパッド、タッチ対応モニターを使って操作する場合は、各操作を次のように読み替えてください。

1 マウス操作

▼ クリック（左クリック）

クリック（左クリック）の操作は、画面上にある要素やメニューの項目を選択したり、ボタンを押したりする際に使います。

 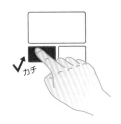

| マウスの左ボタンを1回押します。 | タッチパッドの左ボタン（機種によっては左下の領域）を1回押します。 |

▼ 右クリック

右クリックの操作は、操作対象に関する特別なメニューを表示する場合などに使います。

| マウスの右ボタンを1回押します。 | タッチパッドの右ボタン（機種によっては右下の領域）を1回押します。 |

▼ ダブルクリック

ダブルクリックの操作は、各種アプリを起動したり、ファイルやフォルダーなどを開く際に使います。

マウスの左ボタンをすばやく2回押します。	タッチパッドの左ボタン（機種によっては左下の領域）をすばやく2回押します。

▼ ドラッグ

ドラッグの操作は、画面上の操作対象を別の場所に移動したり、操作対象のサイズを変更する際などに使います。

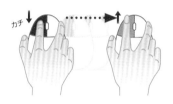 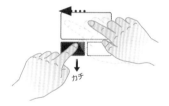

マウスの左ボタンを押したまま、マウスを動かします。目的の操作が完了したら、左ボタンから指を離します。	タッチパッドの左ボタン（機種によっては左下の領域）を押したまま、タッチパッドを指でなぞります。目的の操作が完了したら、左ボタンから指を離します。

Memo

ホイールの使い方

ほとんどのマウスには、左ボタンと右ボタンの間にホイールが付いています。ホイールを上下に回転させると、Webページなどの画面を上下にスクロールすることができます。そのほかにも、Ctrlを押しながらホイールを回転させると、画面を拡大／縮小したり、フォルダーのアイコンの大きさを変えたりできます。

B a s i c   o p e r a t i o n

2 利用する主なキー

▼ 半角/全角キー

半角/全角 漢字 日本語入力と英語入力を切り替えます。

▼ エンターキー

Enter 変換した文字を決定するときや、改行するときに使います。

▼ ファンクションキー

F1 ~ F12 12個のキーには、ソフトごとによく使う機能が登録されています。

▼ デリートキー

Delete 文字を消すときに使います。「del」と表示されている場合もあります。

▼ 文字キー

文字を入力します。

▼ バックスペースキー

Back Space 入力位置を示すポインターの直前の文字を1文字削除します。

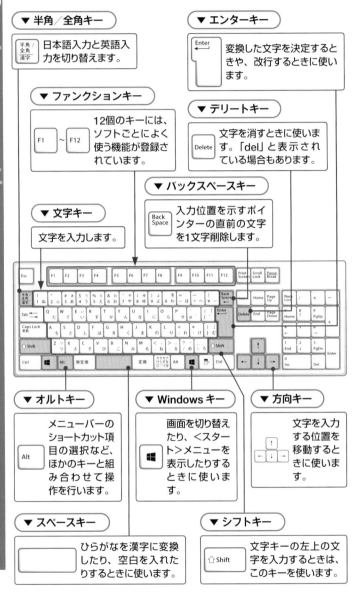

▼ オルトキー

Alt メニューバーのショートカット項目の選択など、ほかのキーと組み合わせて操作を行います。

▼ Windows キー

画面を切り替えたり、<スタート>メニューを表示したりするときに使います。

▼ 方向キー

文字を入力する位置を移動するときに使います。

▼ スペースキー

ひらがなを漢字に変換したり、空白を入れたりするときに使います。

▼ シフトキー

⇧Shift 文字キーの左上の文字を入力するときは、このキーを使います。

6

3 タッチ操作

▼ タップ

画面に触れてすぐ離す操作です。ファイルなど何かを選択するときや、決定を行う場合に使用します。マウスでのクリックに当たります。

▼ ダブルタップ

タップを2回繰り返す操作です。各種アプリを起動したり、ファイルやフォルダーなどを開く際に使用します。マウスでのダブルクリックに当たります。

▼ ホールド

画面に触れたまま長押しする操作です。詳細情報を表示するほか、状況に応じたメニューが開きます。マウスでの右クリックに当たります。

▼ ドラッグ

操作対象をホールドしたまま、画面の上を指でなぞり上下左右に移動します。目的の操作が完了したら、画面から指を離します。

▼ スワイプ／スライド

画面の上を指でなぞる操作です。ページのスクロールなどで使用します。

▼ フリック

画面を指で軽く払う操作です。スワイプと混同しやすいので注意しましょう。

▼ ピンチ／ストレッチ

2本の指で対象に触れたまま指を広げたり狭めたりする操作です。拡大(ストレッチ)／縮小(ピンチ)が行えます。

▼ 回転

2本の指先を対象の上に置き、そのまま両方の指で同時に右または左方向に回転させる操作です。

サンプルファイルのダウンロード

● 本書で使用しているサンプルファイルは、以下のURLのサポートページからダウンロードすることができます。ダウンロードしたときは圧縮ファイルの状態なので、展開してから使用してください。

```
https://gihyo.jp/book/2020/978-4-297-11303-2/support
```

▼ サンプルファイルをダウンロードする

1 ブラウザー（ここではMicrosoft Edge）を起動します。

2 ここをクリックしてURLを入力し、Enterを押します。

3 表示された画面をスクロールし、＜ダウンロード＞にある
＜サンプルファイル＞をクリックします。

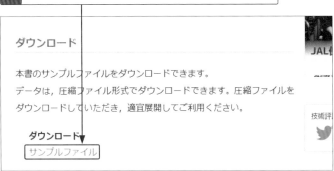

ダウンロード

本書のサンプルファイルをダウンロードできます。
データは，圧縮ファイル形式でダウンロードできます。圧縮ファイルをダウンロードしていただき，適宜展開してご利用ください。

ダウンロード
サンプルファイル

4 ＜開く＞をクリックすると、ファイルがダウンロードされます。

sample.zip (60 MB) について行う操作を選んでください。
場所: gihyo.jp　　　　　　開く　　保存　∧　キャンセル　×

▼ ダウンロードした圧縮ファイルを展開する

1 エクスプローラーの画面が開くので、

2 表示されたフォルダーをクリックし、デスクトップにドラッグします。

3 展開されたフォルダーがデスクトップに表示されます。

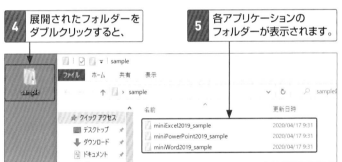

4 展開されたフォルダーをダブルクリックすると、

5 各アプリケーションのフォルダーが表示されます。

┌─ **Memo** ─────────────────────────────────

保護ビューが表示された場合

サンプルファイルを開くと、図のようなメッセージが表示される場合があります。<編集を有効にする>をクリックすると、本書と同様の画面表示になります。

ここをクリックします。

編集を有効にする(E)

└──

CONTENTS 目次

第**2**章 **文書・文字・段落の設定**

11

CONTENTS 目次

第3章　イラスト・図形・表などの設定

CONTENTS 目次

CONTENTS 目次

第11章　スライドを仕上げる

第0章

各アプリケーションの基本操作

アプリケーションを起動する／終了する

Word 2019、Excel 2019、PowerPoint 2019（以下、Office
アプリケーション）を起動するには、Windows 10のスタートメ
ニューから W X N をクリックします。

第0章　各アプリケーションの基本操作

1 Officeアプリケーションを起動する

本章ではWord 2019を例に解説します。

1 Windows 10を起動して、

2 <スタート>をクリックすると、

3 スタートメニューが表示されます。

4 ここでは<Word>をクリックすると、

Memo

対応するWindows

Word 2019、Excel 2019、PowerPoint 2019は
Windows 10のみ対応しており、Windows 8.1／8／7では使用できません。これらのOfficeアプリケーションはマイクロソフト社のOffice 2019に含まれるほか（エディションにより違いあり）、単体でも販売されています。なお、Microsoft 365に含まれるWord、Excel、PowerPointは一部の画面デザインが異なりますが、ほぼ同様の操作で使用できます。

5 Word 2019が起動して、スタート画面が開きます。

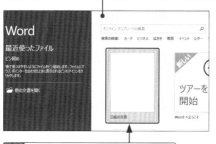

Memo

**タスクバーからOffice
アプリケーションを
起動する**

Officeアプリケーションを
起動すると、アイコン 🄦
🄧 🄝 がタスクバーに表示
されます。アイコンを右ク
リックして、<タスクバー
にピン留めする>をクリッ
クすると、Officeアプリ
ケーションを終了しても常
にアイコンが表示される
ので、クリックするだけで
起動できます。

6 <白紙の文書>をクリックすると、

7 新しい文書が表示されます。

2 Officeアプリケーションを終了する

1 <閉じる>をクリックします。

Memo

複数の文書の場合

複数の文書(またはブック、
プレゼンテーション)を開
いている場合は、<閉じ
る> × をクリックした文
書だけが閉じて、Officeア
プリケーションは終了しま
せん。

2 Word 2019が終了して、
デスクトップ画面に戻ります。

Hint

そのほかの終了方法

<ファイル>タブをクリック
して、<閉じる>をクリック
することでも終了できます。

リボンの基本操作

Officeアプリケーションのほとんどの機能は、リボンに用意されているコマンドから実行できます。リボンに用意されていない機能は、詳細設定のダイアログボックスや作業ウィンドウで設定します。

1 リボンから設定画面を表示する

Memo

追加のオプション設定

表示されている以外に追加のオプションがある場合は、各グループの右下に が表示されます。

1 グループの右下にある をクリックすると、

Hint

作業に応じて追加表示されるタブ

基本的なタブのほかに、表を扱う際には<表ツール>の<デザイン>や<レイアウト>タブ、図を扱う際には<描画ツール>の<書式>タブなどが表示されます。

2 タブに用意されていない詳細設定を行うことができます。

Memo

リボン

Officeアプリケーションのタブは初期設定で10から11種類（環境によって異なる）あり、用途別のコマンドが「グループ」に分かれています。目的に合わせてコマンドをクリックし、機能の実行や設定画面の表示を行います。

2 リボンの表示／非表示を切り替える

1 <リボンの表示オプション>を
クリックして、

2 <タブの表示>を
クリックします。

3 リボンのコマンド部分が非表示に
なり、タブのみが表示されます。

4 <リボンの表示オプショ
ン>をクリックして、

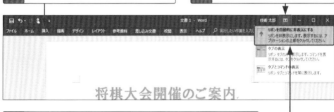

将棋大会開催のご案内

5 <リボンを自動的に非表示にする>をクリックすると、

6 文書のみが表示されます。

7 <リボンの表示オプション>
をクリックして、

将棋大会開催のご案内

8 <タブとコマンドの表示>をクリックすると、通常の表示になります。

Hint

リボンの表示の切り替え

文書画面を広く使いたい場合に、タブのみの表示にしたり、全画面表示にしたり
できます。手順 **3** では、<ファイル>以外のタブをクリックすると一時的にリボ
ンが表示され、操作を終えるとまた非表示になります。

表示倍率と表示モード

画面の表示倍率は、画面右下のズームスライダーや<ズーム>を使って変更できます。また、文書の表示モードは5種類あり、目的によって切り替えます（通常は<印刷レイアウト>または<表示>モード）。

第0章 各アプリケーションの基本操作

1 表示倍率を変更する

1 このスライダーをドラッグします。

<拡大>⊞、<縮小>⊟をクリックすると、文書の表示倍率が10%ずつ拡大・縮小します。

Hint

<ズーム>を利用する

<表示>タブの<ズーム>グループにある<ズーム>や、スライダー横の倍率が表示されている部分をクリックすると表示される<ズーム>ダイアログボックスでも、表示倍率を変更することができます。

2 表示倍率が変更されます。

ここに表示倍率が表示されます。

2 文書の表示モードを切り替える

Word 2019の初期設定では、<印刷レイアウト>モードで表示されます。

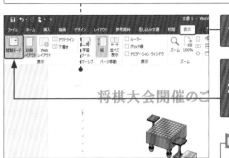

1 <表示>タブをクリックして、

2 目的のコマンド(ここでは<閲覧モード>)をクリックします。

3 表示モードが切り替わります。

Hint

表示選択ショートカットを利用する

画面右下の表示選択ショートカットをクリックしても、表示モードを切り替えられます。

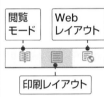

閲覧モード	Webレイアウト

印刷レイアウト

Memo

文書の表示モード

Word 2019の文書の表示モードには、以下の5種類があります。

表示モード	説 明
閲覧モード	文書を画面上で読むのに最適な表示モードで、複数ページでは横方向にページをめくるように閲覧できます。
印刷レイアウト	印刷結果のイメージに近い画面で表示されます(初期設定)。
Webレイアウト	Webページのレイアウトで文書を表示できます。
アウトライン	文書の階層構造を見やすく表示するモードです。
下書き	イラストや画像などを省いて、本文だけが表示されます。

Excel 2019とPowerPoint 2019はそれぞれ異なる表示モードがあります。

操作をもとに戻す／
やり直す／繰り返す

操作をやり直したい場合は、クイックアクセスツールバーの＜元に戻す＞や＜やり直し＞を使います。また、同じ操作を続けて行う場合は、＜繰り返し＞を利用すると便利です。

第0章 各アプリケーションの基本操作

1 操作をもとに戻す

Delete で1文字ずつ「市民総合」を削除した直後の操作です。

1 ここをクリックして、　**2** 戻したい操作までドラッグすると、

クリア
クリア
クリア
クリア
4 操作元に戻す

ファイル　　　　描画　デザイン　レイアウト　参考資料　差し込み文書　校閲　表示

～ 12　～ Aˆ Aˇ　Aa ～

貼り付け　　～ abc x₂ x²

段落

Delete で1文字ずつ
「市民総合」を削除しました。

> 日時　　3 月 3 日(土)　10:00〜15:00(昼休憩
> 会場　　A) 体育館　和室
> 　　　　B) 東町もみじ公園会館

3 指定した操作の前の状態に戻ります。

> 日時　　3 月 3 日(土)　10:00〜15:00(昼休憩
> 会場　　A) 市民総合体育館　和室

Memo

操作をもとに戻す

＜元に戻す＞ をクリックするたびに、直前に行った操作を100ステップまで取り消すことができます。また、手順**2**のように複数の操作を一度に取り消すことができます。ただし、ファイルを閉じるともとに戻せません。

2 操作をやり直す

左ページでもとに戻した「市民総合」を
再び削除します。

1 ここをクリックすると、

Memo

操作をやり直す

<やり直し> ⮍ をクリックすると、取り消した操作を順にやり直せます。ただし、ファイルを閉じるとやり直せません。

2 1つ前の操作が取り消されます（1文字分戻す）。

3 操作を繰り返す

1 文字を入力して、

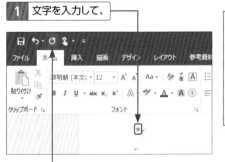

Memo

操作を繰り返す

入力や削除、書式設定などの操作を行うと、<繰り返し> ⭮ が表示されます。次の操作を行うまで、何度でも同じ操作を繰り返せます。

2 <繰り返し>をクリックすると、

3 同じ文字が入力されます。

ファイルを保存する

ファイルの保存には、作成したファイルや編集したファイルを新規ファイルとして保存する名前を付けて保存と、ファイル名はそのままでファイルの内容を更新する上書き保存があります。

第0章　各アプリケーションの基本操作

1 名前を付けて保存する

ここをクリックすると、編集画面に戻ります。

1 <ファイル>タブをクリックして、

2 <名前を付けて保存>（または<コピーを保存>）をクリックし、

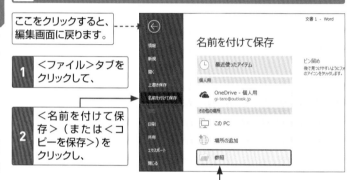

名前を付けて保存

最近使ったアイテム

ピン留め
後で見つけやすいようにフォルダーのアイコンをクリックします。

個人用

OneDrive - 個人用
gi-taro@outlook.jp

その他の場所

このPC

場所の追加

参照

3 <参照>をクリックします。

Hint

フォルダーを作成するには？

ファイルの保存先として、フォルダー内に新しくフォルダーを作成することができます。右の画面で<新しいフォルダー>をクリックして、フォルダーの名前を入力します。

4 保存先のフォルダーを指定して、

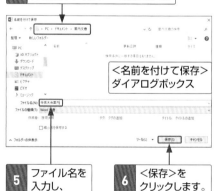

<名前を付けて保存>ダイアログボックス

5 ファイル名を入力し、

6 <保存>をクリックします。

7 文書が保存され、タイトルバーにファイル名が表示されます。

第0章 各アプリケーションの基本操作

StepUp

旧バージョンやほかの形式で保存する

左ページ手順**4**の<名前を付けて保存>ダイアログボックスで<ファイルの種類>をクリックすると、メニューから旧バージョンの保存形式を選択できます。同じメニューで<PDF>を選択すると、PDFファイルとして保存できます。

---

2 上書き保存する

<上書き保存>をクリックすると、文書が上書きされます。一度も保存していない場合は、左ページ手順**4**の<名前を付けて保存>ダイアログボックスが表示されます。

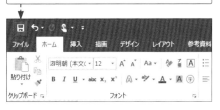

Keyword

上書き保存

文書を何度も変更して、最新のファイルだけを残すことを、文書の「上書き保存」といいます。<ファイル>タブの<上書き保存>をクリックしても同じです。

Hint

上書き保存する前の状態に戻す

上書き保存をしても、文書を閉じていなければ、<元に戻す> ↻ をクリックして操作を戻すことができます(第0章Sec.04参照)。

ファイルを閉じる／開く

ファイルを保存したら、＜ファイル＞タブからファイルを閉じます。保存したファイルを開くには、＜ファイルを開く＞画面からファイルを選択します。最近使ったファイルなどを利用しても開くことができます。

1 ファイルを閉じる

1 ＜ファイル＞タブをクリックして、

2 ＜閉じる＞をクリックすると、

Memo

＜閉じる＞ ✕ をクリックする

ファイルが複数開いている場合は、＜閉じる＞✕ をクリックすると、そのファイルのみを閉じることができます（開いているファイルが1つだけの場合は、アプリケーションも終了します）。

3 ファイルが閉じます。

ファイルを閉じても、アプリケーションは終了しません。

Hint

ファイルが保存されていないと？

変更を加えて保存しないままファイルを閉じようとすると、右の画面が表示されるので、いずれかを選択します。

2 保存したファイルを開く

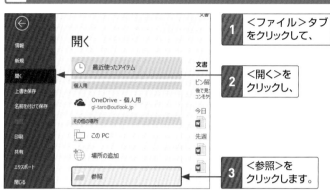

1 <ファイル>タブ をクリックして、

2 <開く>を クリックし、

3 <参照>を クリックします。

4 開きたい文書が保存されている フォルダーを指定して、

5 目的のファイルを クリックし、

6 <開く>を クリックすると、

7 目的のファイルが開きます。

Memo

アプリケーションの 起動画面で ファイルを開く

Officeアプリケーションを 起動した画面では、<最 近使ったファイル>(ま たは<最近使ったアイテ ム>)が表示されます。こ こに目的のファイルがあ れば、クリックして開くこ とができます。<他の文 書を開く>をクリックする と、手順2の<開く>画 面が表示されます。

31

新しいファイルを作成する

ここでは、Word 2019で白紙のファイルを新規作成する場合の操作を解説します。Excel 2019とPower Point 2019はクリックする場所の名前が異なりますが、手順は基本的に同じです。

1 新規文書 (ファイル) を作成する

文書を開いています。

1 <ファイル>タブをクリックして<新規>をクリックし、

2 <白紙の文書>をクリックします。

手順**2**では、Excel 2019は<空白のブック>、PowerPoint 2019は<新しいプレゼンテーション>をクリックします。

新規文書では、文書に名前を付けて保存（第0章Sec.05参照）されるまで、「文書1」「文書2」のように仮の文書名が連番で付けられます。

3 新規文書が表示されます。

第1章

Word 2019の
文字入力

Wordとは?

Wordは、世界中で広く利用されているワープロソフトです。文字装飾や文章の構成を整える機能はもちろん、図形描画、イラストや画像の挿入、表作成など、多彩な機能を備えています。

1 Wordは高機能なワープロソフト

文章を入力します。

Keyword

Word 2019

「Word 2019」は、ビジネスソフトの統合パッケージである最新の「Microsoft Office 2019」に含まれるワープロソフトです。単体でも販売されています。

文字装飾機能などを使って、文書を仕上げます。

Keyword

ワープロソフト

パソコン上で文書を作成し、印刷するためのアプリを「ワープロソフト」と呼びます。

2 Wordではこんなことができる

文字の書式を設定できます。

テキストボックスを挿入して、縦書きの文字を挿入することができます。

将棋大会開催のご案内

世代を超えて愛されている将棋。
もっと将棋の輪を広めたい！という思いから、
市内5か所で将棋大会を同時開催いたします。
本格的な対決も見もの です。
お子さまもできる将棋くずし(山くずし)や、はさみ将棋なども行います。

どなたでも参加できます。
おともだち、ご家族お誘いあわせて
お越しください。

イラストや画像などを挿入できます。

Memo

豊富な文字装飾機能

Word 2019には、ワープロソフトに欠かせない文字装飾機能や、文字列に視覚効果を適用する機能があります(第2章参照)。

箇条書きに記号や番号を設定できます。

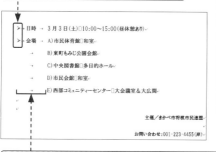

- 日時 → 3月3日(土)□10:00〜15:00(昼休憩あり)
- 会場 → A)市民体育館□和室
  - → B)東町もみじ公園会館
  - → C)中央図書館□多目的ホール
  - → D)市民会館□和室
  - → E)西部コミュニティーセンター□大会議室＆大広間

主催／まかべ市将棋市民連盟

お問い合わせ:001-223-4455(岸)

タブを挿入して、文字列の先頭を揃えることができます。

Memo

文書を効果的に見せるさまざまな機能

文書にイラスト・画像を挿入したり、挿入したイラスト・画像の視覚効果を変更したりできます(第3章参照)。

表を作成できます。

月	コース	日 付	時 間	定 員
6月	手ひねり	1日、8日	13:00〜	20名
	電気ろくろ	10日、17日	10:00〜	10名
7月	手ひねり	2日、9日	13:00〜	20名
	電気ろくろ	10日、17日	10:00〜	10名

<教室スケジュール>

表にスタイルを施すことができます。

Memo

表の作成機能

表やグラフ(本書では省略)をかんたんに作成することができます。また、表を編集することも可能です(第3章参照)。

Word 2019の画面構成

Word 2019の基本画面は、機能を実行するためのリボン (タブで切り替わるコマンドの領域)と、文字を入力する文書の2つで構成されています。

1 Word 2019の基本的な画面構成

<ファイル>タブ

❷ タイトルバー

❶ クイックアクセスツールバー

❸ タブ

❹ リボン

❺ 水平ルーラー／垂直ルーラー

❻ ステータスバー

❼ 表示選択ショートカット

ズームスライダー

Memo

ルーラーを表示する

水平ルーラー／垂直ルーラーを表示するには、<表示>タブの<ルーラー>をクリックしてオンにします。

参考資料	差し込み文書	校閲	表示
☑ ルーラー			🔍
□ グリッド線		ズーム	100%
□ ナビゲーション ウィンドウ			

※ タブやリボンに表示される内容は、画面のサイズによって名称や表示方法が自動的に変わります。

※ 水平ルーラー／垂直ルーラーは、初期設定では表示されません。<表示>タブの<ルーラー>をクリックしてオンにすると表示されます。

※ <描画>タブは、タッチ対応のパソコンの初期設定によって表示されます。本書では使用しません。

名　称	機　能
❶ クイックアクセスツールバー	＜上書き保存＞🖫、＜元に戻す＞🔙、＜やり直し＞🔁（または＜繰り返し＞🔄）のほか、頻繁に使うコマンドを追加／削除できます。
❷ タイトルバー	現在作業中のファイルの名前が表示されます。
❸ タブ	初期設定では11（または10）のタブが用意されています。タブをクリックしてリボンを切り替えます。＜ファイル＞タブの操作は下図を参照。
❹ リボン	目的別のコマンドが、機能別に分類されて配置されています。
❺ 水平ルーラー／垂直ルーラー	水平ルーラーはタブやインデントの設定を行い、垂直ルーラーは余白の設定や表の行の高さを変更します。
❻ ステータスバー	カーソル位置の情報や、文字入力の際のモードなどを表示します。ステータスバーを右クリックすると、表示項目の表示／非表示を設定できます。
❼ 表示選択ショートカット	文書の表示モード（＜閲覧モード＞＜印刷レイアウト＞＜Webレイアウト＞）を切り替えます。

＜ファイル＞タブ

＜ファイル＞タブをクリックすると、ファイルに関するメニューが表示されます。メニューの項目をクリックすると、右側のBackstageビューと呼ばれる画面に、項目に関する情報や操作が表示されます。

ここをクリックすると、文書画面に戻ります。　　　　　Backstageビュー

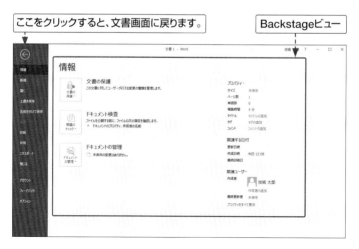

文字入力の準備をする

文字を入力する前に、キーボードでの入力方式をローマ字入力にするかかな入力にするかを決めます。また、入力するときには、ひらがなか英字か、入力モードを設定します。

「ローマ字入力」と「かな入力」の違い

ローマ字入力：この部分の文字で⑤⑥⑦Ⓐとキーを押すと、「そら」と入力されます。

かな入力：この部分の文字で「そ」「ら」とキーを押すと、「そら」と入力されます。

第1章　Word 2019の文字入力

1 ローマ字入力とかな入力を切り替える

Memo

入力方式を決める

最初に「ローマ字入力」か「かな入力」のいずれかを決めます。本書では、ローマ字入力を中心に解説します。

1 <入力モード>を右クリックして、

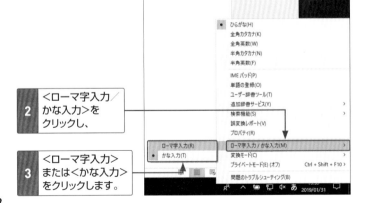

- ひらがな(H)
- 全角カタカナ(K)
- 全角英数(W)
- 半角カタカナ(N)
- 半角英数(F)

IME パッド(P)
単語の登録(O)
ユーザー辞書ツール(T)
追加辞書サービス(Y)
検索機能(S)
誤変換レポート(V)
プロパティ(R)

ローマ字入力(R)
- かな入力(T)

ローマ字入力 / かな入力(M)
変換モード(C)
プライベートモード(E) (オフ)　Ctrl + Shift + F10
問題のトラブルシューティング(B)

2 <ローマ字入力／かな入力>をクリックし、

3 <ローマ字入力>または<かな入力>をクリックします。

2 入力モードを切り替える

1 <入力モード>を右クリックして、

2 <全角英数>を
クリックすると、

3 入力モードが
<全角英数>に
なります。

Memo

入力モードの切り替え

入力モードは、キーを押したときに入力される文字の種類を示すもので、タスクバーには現在の入力モードが表示されます。<入力モード>をクリックするかキーボードの「半角/全角」を押すと、<ひらがな>あと<半角英数>Aが切り替わります。そのほかのモードは上記の手順のように指定するか、「無変換」を押して切り替えます。

入力モードの種類

入力モード	入力例	入力モードの表示
ひらがな	あいうえお	あ
全角カタカナ	アイウエオ	カ
全角英数	ａｉｕｅｏ	A
半角カタカナ	ｱｲｳｴｵ	ｶ
半角英数（直接入力）	aiueo	A

日本語を入力する

日本語を入力するには、文字の「読み」としてひらがなを入力し、漢字やカタカナに変換して確定します。読みを変換すると、変換候補が表示されるので選択します。

1 ひらがなを入力する

第1章　Word 2019の文字入力

Memo

入力と確定

キーを押して画面上に表示されたひらがなには、手順 **4** のように文字の下に点線が引かれています。この状態では、まだ文字の入力は完了していません。キーボードの Enter を押すと、入力が確定します（手順 **5** のように下線が消えます）。

入力モードを<ひらがな>にします（P.39参照）。

1 Ａ のキーを押すと、

2 「あ」と表示されます。

3 続けて、Ｓ Ａ Ｈ Ｉ とキーを押すと、

あさひ
旭川　　　　　　　　　　　× ₽
朝日新聞
朝日
旭化成
アサヒビール
　　　　∨
Tab キーで予測候補を選択

Memo

予測候補の表示

入力が始まると、手順 **4** のように該当する変換候補が表示されます。ひらがなを入力する場合は、そのまま無視してかまいません。

4 「さひ」と表示されるので、Enter を押します。

5 文字が確定します。

あさひ

2 カタカナを入力する

1 WINDOUとキーを押して「うぃんどう」と読みを入力します。

うぃんどう

2 Space を押すと、

3 カタカナに変換されます。

ウィンドウ

4 Enter を押すと、

ウィンドウ

5 文字が確定し、「ウィンドウ」と入力されます。

Hint

カタカナの変換

「ニュース」や「インターネット」など、一般的にカタカナで表記する語句は、Space を押すとカタカナに変換されます。
また、読みを入力して、F7 を押しても変換できます（StepUp参照）。

StepUp

ファンクションキーで一括変換する

確定前の文字列は、キーボードの上部にあるファンクションキー（F6 〜 F10）を押すと、それぞれ変換できます。ここでは、SAKURAとキーを押した例を紹介します。

F6「ひらがな」

さくら

F7「全角カタカナ」

サクラ

F8「半角カタカナ」

ｻｸﾗ

F9「全角英数」

sakura

F10「半角英数」

sakura

3 漢字を入力する

Memo

漢字の入力と変換

漢字を入力するには、漢字の「読み」を入力して、Space または変換を押します。

「散会」という漢字を入力します。

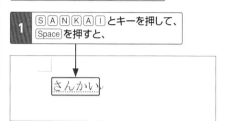

1 SANKAI とキーを押して、Space を押すと、

さんかい

Memo

変換候補の一覧

漢字の「読み」を入力して Space を2回押すと、手順❹の入力候補が表示されます。

2 漢字に変換されます。

山塊

Hint

標準統合辞書の表示

同音異義語がある候補には、右側に 📖 が表示されます。その候補に移動すると、語句の用法を示す標準統合辞書が表示されるので、用途に合った漢字を選びます。
🔍 をクリックすると、Webブラウザが起動して、語句の検索結果が表示されます。

3 違う漢字に変換するために、再度 Space を押して、

Hint参照。

散会

1	山塊	
2	三回	
3	三階	
4	散会	📖
5	山海	
6	参会	📖
7	散開	📖
8	産科医	
9	三かい	

標準統合辞書

散会 🔍
会合が終わる。「夕方5時に散会する」

参会 🔍
会合に出席。「披露宴に参会する 参会者」

散開 🔍
散らばる(軍隊)。「現地で散開する 兵士が散開する」

4 Space または ↓ ↑ を押して漢字を選択し、Enter を押します。

5 文字が確定して、「散会」と入力されます。

散会

4 複文節を変換する

「シャツを選択する」と変換された複文節の「選択する」を「洗濯する」に直します。

1 「しゃつをせんたくする」と読みを入力して、Space を押すと、

2 複文節がまとめて変換されます。

シャツを選択する

太い下線が付いた文節が
変換の対象になります。

3 → を押して、変換対象に移動します。

シャツを選択する

4 Space を押すと変換されるので、

5 「洗濯する」を選択し、Enter を押します。

シャツを洗濯する

1	選択する
2	洗濯する
3	洗たくする
4	選択する
5	せんたくする
6	センタクスル »

6 変換が確定されます。

シャツを洗濯する

K eyword

文節と複文節

「文節」とは、末尾に「〜ね」や「〜よ」を付けて意味が通じる文の最小単位のことです。これに対し、複数の文節で構成された文字列を「複文節」といいます。

S tepUp

確定後に再変換する

確定した文字が違っていたら、文字を選択して（第1章Sec.07参照）キーボードの変換を押します。変換候補が表示されるので、正しい文字を選択します。

シャツを選択する

1	選択
2	洗濯
3	宣託
4	洗たく
5	選択
6	せんたく
7	センタク »

第1章 Word 2019の文字入力

43

アルファベットを入力する

アルファベットを入力するには、入力モードを＜半角英数＞モードにして入力する方法と、日本語を入力中のまま、＜ひらがな＞モードで入力する方法があります。

1 ＜半角英数＞モードで入力する

Memo

＜半角英数＞モードに切り替える

＜入力モード＞を＜半角英数＞(P.39参照) にするか、キーボードの半角／全角を押すと、アルファベット入力の＜半角英数＞モードになります。

「Windows Update」と入力します。

1 入力モードを＜半角英数＞に切り替えます。

W

2 Shift + W を押して、大文字の「W」を入力します。

3 Shift を押さずに I N D O W S とキーを押して、小文字の「indows」を入力します。

Windows

Hint

大文字の英字の入力

＜半角英数＞モードで、アルファベットのキーを押すと小文字の英字、Shift を押しながらキーを押すと大文字の英字が入力できます。

4 Space を押して、半角スペースを入力します。

5 同様に、「Update」を入力します。

Windows Update

2 <ひらがな>モードで入力する

「World」と入力します。

1 入力モードを<ひらがな>に切り替えます。

を r l d

2 WORLDと
キーを押します。

3 F10を押すと、

world

4 半角小文字に
変換します。

5 もう一度
F10を押すと、

WORLD

6 半角大文字に
変換します。

7 もう一度
F10を押すと、

World

8 先頭が半角大文字
に変換されます。

9 再度F10を押すと、
手順4の小文字に
戻ります。

Hint

1文字目が大文字に変換される

1文字目が大文字に変換される場合は、<ファイル>タブの<オプション>をクリックして、<文章校正>で<オートコレクトのオプション>をクリックします。表示される<オートコレクト>ダイアログボックスの<オートコレクト>で<文の先頭文字を大文字にする>をクリックしてオフにします。

オートコレクト: 英語 (米国)

オートコレクト | 数式オートコレクト | 入力オートフォーマット | オー

☑ [オートコレクト オプション] ボタンを表示する(H)

☑ 2 文字目を小文字にする [THe ... → The ...](O)

☐ 文の先頭文字を大文字にする [the ... → The ...](S)

☑ 表のセルの先頭文字を大文字にする(C)

☑ 曜日の先頭文字を大文字にする [monday → Monday](

☑ CapsLock キーの押し間違いを修正する [tHE ... → The .

文章を改行する

文末でEnterを押して次の行に移動する区切りのことを改行といいます。改行された文末には段落記号 ↵ が表示されます。段落記号は編集記号の1つで、文書編集の目安にする記号です。

1 文字列を改行する

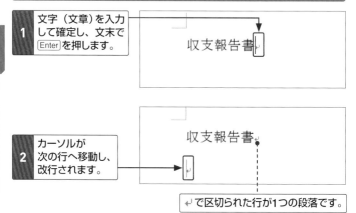

1	文字（文章）を入力して確定し、文末でEnterを押します。	収支報告書↵

2	カーソルが次の行へ移動し、改行されます。	収支報告書↵

↵で区切られた行が1つの段落です。

2 編集記号を表示する

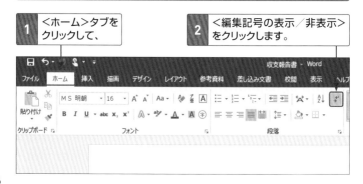

1	<ホーム>タブをクリックして、	
2	<編集記号の表示／非表示>をクリックします。	

収支報告書 - Word

ファイル　ホーム　挿入　描画　デザイン　レイアウト　参考資料　差し込み文書　校閲　表示　ヘルプ

MS 明朝 ▾ 16 ▾ A˄ A˅ Aa▾ ⌖ ⅍ A ⏐ ⌗▾ ⌗▾ ⌗▾ | ⎘⎗ | ⌖▾ | ⌖▾ | ⌖

B I U ▾ abc x₂ x² | A▾ ⌖▾ A▾ A ⊕ | ≡ ≡ ≡ ≡ ⸽ | ⌖▾ | ⌖▾ | ⊞▾

クリップボード ⌟　　　　　フォント　　　　　⌟　　　　　段落　　　　　⌟

3 編集記号が表示されます。

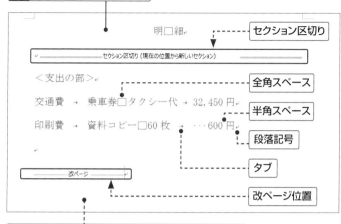

記号がわかりやすいように、文字は青色にしています。

Keyword

編集記号

Wordでの編集記号とは、スペースやタブなど文書編集に用いる記号です。画面上に表示して編集の目安にするもので、印刷はされません。

StepUp

編集記号の表示

初期設定では段落記号 ↵ のみが表示されますが、このほかの編集記号は個別に表示／非表示を設定することができます。
<ファイル>タブの<オプション>をクリックして、<表示>の<常に画面に表示する編集記号>で表示する記号をオンにし、表示しない記号はオフにします。<すべての編集記号を表示する>をオンにするとすべて表示されます。

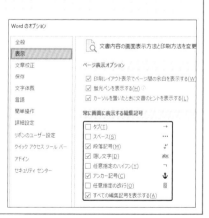

文字列を選択する

文字列にコピーや書式変更などを行う場合、最初にその対象範囲を
選択します。文字列の選択は、選択したい文字列をドラッグするの
が基本です。単語や段落、文書全体の選択方法を紹介します。

1 単語を選択する

1 選択する単語の上
にマウスカーソルを
移動して、

陶芸教室を開講します！

「土和市」との友好交流事業として、陶芸教室
一度は作陶体験してみませんか？

2 ダブルクリック
します。

3 単語が
選択されます。

陶芸教室を開講します！

「土和市」との友好交流事業として、陶芸教室
一度は作陶体験してみませんか？

Hint

タッチ操作で文字列を選択する

タッチ操作で単語を選択す
る場合は、単語の上をダブ
ルタップします。文字列の
場合は、図のように操作し
ます。

1 始点となる位置を1回タップして、

陶芸教室を開講します！

陶芸教室を開講します！
O•••••▶O

2 ハンドルを終点までスライドします。

2 文字列を選択する

1 選択範囲の先頭にカーソルを移動して、

2 目的の範囲をドラッグすると、

3 文字列が選択されます。

陶芸教室を開講します！

ち「土和市」との友好交流事業として、陶芸教室
。一度は作陶体験してみませんか？

3 行を選択する

1 選択する行の左余白にマウスポインターを移動してクリックすると、

2 行が選択されます。

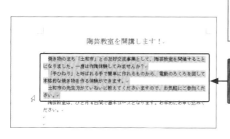

3 左余白をドラッグすると、

陶芸教室を開講します！

焼き物のまち「土和市」との友好交流事業として、陶芸教室を開催することになりました。一度は作陶体験してみませんか？
「手ひねり」と呼ばれる手で簡単に作れるものから、電動のろくろを回して本格的な焼き物を作る体験ができます。
土和市の先生がていねいに教えてくださいますので、お気軽にご参加ください。
陶芸教室は、ひと月4日間で基本コースとなります。お早めにお申し込みください。

4 ドラッグした範囲の行や段落がまとめて選択されます。

Hint

文書全体の選択

Shift + Ctrl を押しながら文書の左余白をクリックするか、Ctrl + A を押すと、文書全体を選択できます。

Hint

段落を追加する

手順 **1** で左余白をダブルクリックすると、複数行にわたる段落を選択できます。

文字列を修正する

入力中の文字列は、変換する前に文字の挿入や削除を行うことができます。漢字に変換したあとで文字列や文節区切りを修正するには、変換をいったん解除してから修正し、文字列を確定します。

1 変換前の文字列を修正する

第1章　Word 2019の文字入力

「もじ」を「もじれつ」に
修正します。

1 「もじをにゅうりょく
する」と入力しま
す。

→ もじをにゅうりょくする

2 ─を押して、
「じ」の後ろにカーソルを移動し、

もじをにゅうりょくする

Memo

変換前の修正

変換前の文字列を修正したい場合は、─や─を押してカーソルを移動して、文字の挿入や削除を行います。なお、[BackSpace]はカーソルの左側、[Delete]はカーソルの右側にある文字を削除します。

3 RETUとキーを押すと、
「もじれつ」と修正されます。

もじれつをにゅうりょくする

50

2 変換後の文字列を修正する

「文字」を「文字列」に修正します。

1 「にゅうりょくしたもじをしゅうせいする」と入力して変換します。

入力した文字を修正する↵

2 □ を押して修正する文節に移動し、Esc を押すと（Hint参照）、

入力したもじを修正する↵

3 ひらがなに戻ります。

4 □ を押して、「じ」の後ろにカーソルを移動し、

入力したもじを修正する↵

5 R E T U とキーを押すと、「もじれつ」と修正されます。

入力したもじれつを修正する↵

6 Space を押して漢字に変換し、

入力した文字列を修正する↵

7 Enter を押して確定します。

Hint

複文節をひらがなに戻す

確定していない複文節の文字列は、Esc を押す回数によって入力結果が変わります。

- Esc を1回押す
  変換の対象の文節がひらがなに戻ります。

- Esc を2回押す
  文字列全体がひらがなに戻ります。

- Esc を3回または4回押す
  文字列の入力が取り消されます。

Memo

変換後の修正

変換後に改めて修正したい場合は、修正したい文節の変換を解除してからカーソルを移動し、読みの挿入や削除を行います。

3 文節の区切りを修正する

「今日は混んでいます
ね」と入力します。

1 「きょうはこんでい
ますね」と入力して、
[Space]を押して変換
します。

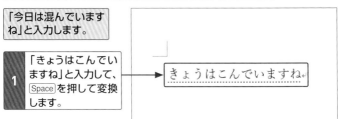

きょうはこんでいますね

2 目的とは異なる
文節区切りに
変換されたので、

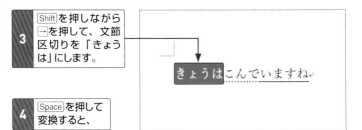

今日運んでいますね

3 [Shift]を押しながら
□を押して、文節
区切りを「きょう
は」にします。

きょうはこんでいますね

4 [Space]を押して
変換すると、

5 目的どおりの文字になります。

Hint

文節区切りの修正

文節区切りを修正するに
は、[Shift]を押しながら□
を押して目的の文節に移
動し、漢字に変換する場
合は[Space]を押して変換し
ます。

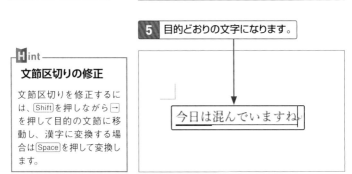

今日は混んでいますね

4 漢字を1文字ずつ変換する

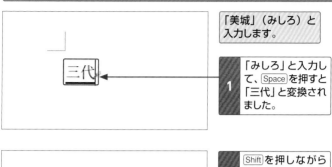

「美城」（みしろ）と入力します。

1 「みしろ」と入力して、[Space]を押すと「三代」と変換されました。

2 [Shift]を押しながら[←]を押して、変換対象を「み」にします。

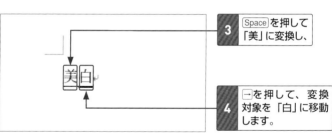

3 [Space]を押して「美」に変換し、

4 [→]を押して、変換対象を「白」に移動します。

5 [Space]を押して、「城」と変換されたら、[Enter]を押して確定します。

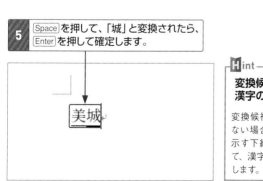

Hint

変換候補にない漢字の入力

変換候補に目的の漢字がない場合は、変換対象を示す下線の位置を変更して、漢字を1文字ずつ変換します。

文字列をコピーする／移動する

Wordには、文字列を繰り返し入力するコピー機能、文字列を切り取り、別の場所に貼り付ける移動機能があります。＜ホーム＞タブのコマンドやショートカットキーで行うことができます。

1 文字列をコピーする

1 コピーする文字列を選択して、

2 ＜ホーム＞タブの＜コピー＞をクリックします。

3 貼り付ける位置にカーソルを移動して、

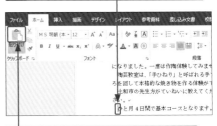

Hint

貼り付けのオプション

コピーや移動した文字列に＜貼り付けのオプション＞ （Ctrl）が表示されます。クリックすると、貼り付け後の操作（もとのフォントのままにするか、貼り付け先のフォントにするかなど）を選択できます。

（Ctrl）▾
貼り付けのオプション：

既定の貼り付けの設定(A)...

4 ＜貼り付け＞の上部をクリックすると、

5 文字列がコピーされます。

Hint参照。

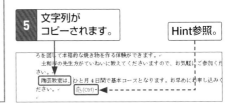

2 文字列を移動する

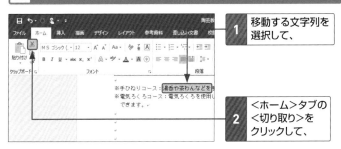

1 移動する文字列を選択して、

2 <ホーム>タブの<切り取り>をクリックして、

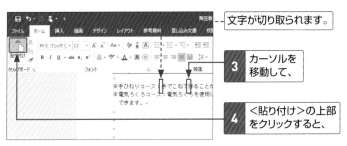

文字が切り取られます。

3 カーソルを移動して、

4 <貼り付け>の上部をクリックすると、

5 文字列が移動します。

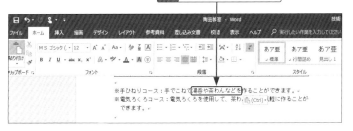

Hint

ショートカットキーを利用する

コピーの場合は、文字列を選択して Ctrl + C (コピー) を押し、コピー先で Ctrl + V (貼り付け) を押します。あるいは、Ctrl を押しながら選択した文字列をドラッグ&ドロップします。

移動の場合は、文字列を選択して Ctrl + X (切り取り) を押し、移動先で Ctrl + V (貼り付け) を押します。あるいは、選択した文字列をそのまま移動先にドラッグ&ドロップします。

文字列を検索する／置換する

文書内の用語を探したり、ほかの文字に置き換えたい場合は、検索と置換機能を利用します。文字列の検索には<ナビゲーション>ウィンドウ、置換の場合は<検索と置換>ダイアログボックスを使います。

1 文字列を検索する

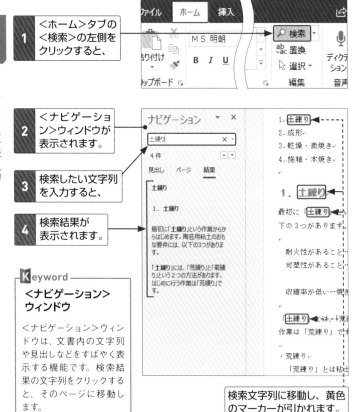

1 <ホーム>タブの<検索>の左側をクリックすると、

2 <ナビゲーション>ウィンドウが表示されます。

3 検索したい文字列を入力すると、

4 検索結果が表示されます。

Keyword

<ナビゲーション>ウィンドウ

<ナビゲーション>ウィンドウは、文書内の文字列や見出しなどをすばやく表示する機能です。検索結果の文字列をクリックすると、そのページに移動します。

検索文字列に移動し、黄色のマーカーが引かれます。

2 文字列を書式を付けた文字列に置換する

「粘土」を書式の付いた文字に置換します。

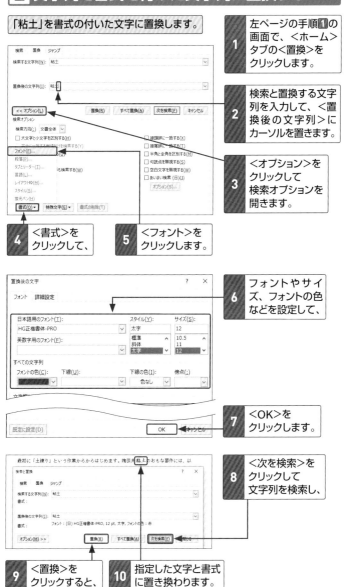

1 左ページの手順1の画面で、<ホーム>タブの<置換>をクリックします。

2 検索と置換する文字列を入力して、<置換後の文字列>にカーソルを置きます。

3 <オプション>をクリックして検索オプションを開きます。

4 <書式>をクリックして、

5 <フォント>をクリックします。

6 フォントやサイズ、フォントの色などを設定して、

7 <OK>をクリックします。

8 <次を検索>をクリックして文字列を検索し、

9 <置換>をクリックすると、

10 指定した文字と書式に置き換わります。

読みのわからない漢字を入力する

読みが不明の漢字は、IMEパッドで検索して入力できます。IMEパッドでは漢字の画数や部首から検索するほか、ここで紹介する、マウスで文字を手描きして検索する方法が利用できます。

1 手書きで漢字を検索して入力する

ここでは、「渠」を検索します。

Memo

IMEパッドを表示する

IMEパッドを表示するには、タスクバーの<入力モード>を右クリックして、<IMEパッド>をクリックします。

半角カタカナ(N)
半角英数字(F)
IME パッド(P)
単語の登録(O)
ユーザー辞書ツール(T)
追加辞書サービス(Y)
検索機能(S)
誤変換レポート(V)
プロパティ(R)
ローマ字入力 / かな入力(M)
変換モード(C)
プライベートモード(F)(オフ)　Ctrl + Shift + F10
問題のトラブルシューティング(B)

1 入力位置にカーソルを置いて、IMEパッドを表示し（Memo参照）、

2 <手書き>をクリックします。

3 ここにマウスでドラッグして文字を書き、

4 候補の中から目的の文字をクリックします。

5 文字が挿入されるので、 Enter をクリックするか Enter を押して確定します。

Hint

書いた文字を消去する

書いた文字の直前の1画を取り消すにはIMEパッドの<戻す>を、文字すべてを消去するには<消去>をクリックします。

第**2**章

文書・文字・段落の設定

フォントサイズと フォントを変更する

フォントサイズを大きくしたり、フォントの種類を変更したりすると、文書のタイトルや重要な部分を目立たせることができます。変更するには、<フォントサイズ>と<フォント>のボックスを利用します。

1 フォントサイズを変更する

Keyword

フォント／ フォントサイズ

フォントは文字の書体、フォントサイズは文字の大きさのことです。それぞれ、<ホーム>タブの<フォント>ボックスと<フォントサイズ>ボックスで設定できます。なお、フォントサイズの単位「pt（ポイント）」は表示上、省略されています。

1 フォントサイズを変更したい文字列をドラッグして選択します。

2 <ホーム>タブの<フォントサイズ>の ﹀ をクリックして、

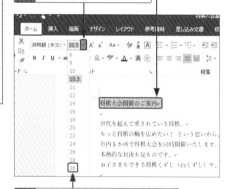

3 目的のサイズをクリックすると、

4 フォントサイズが変更されます。

将棋大会開催のご案内

世代を超えて愛されている将棋。

2 フォントを変更する

1 フォントを変更したい文字列を
ドラッグして選択します。

2 <ホーム>タブの<フォント>
の▼をクリックして、

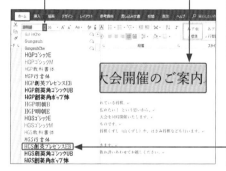

Hint

**フォントの
プレビュー表示**

手順**3**で表示される一覧には、フォント名が実際の書体で表示されます。マウスポインターを合わせると、文章上でフォントがプレビューされます。

3 目的のフォントを
クリックします。

将棋大会開催のご案内

世代を超えて愛されている将棋。

4 フォントが変更されます。

Memo

フォントの変更方法の違い

<フォント>ボックスで変更した場合は、選択した文字列だけが変更されます。一方、<フォント>ダイアログボックス（P.66参照）で変更した場合は、現在開いている文書の標準フォントとして設定されます。

Hint

ミニツールバーを利用する

文字列を選択すると表示される
ミニツールバーでも、フォントサ
イズやフォントを変更できます。

文字を太字にする／
下線を付ける

> 文字を太字にしたり、文字に下線を付けて、下線の色を変えたりすることができます。文字に施す書式を文字書式といい、コマンドは<ホーム>タブの<フォント>グループに用意されています。

1 文字を太字にする

1 文字列を選択します。

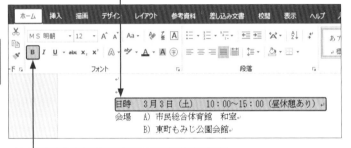

2 <ホーム>タブの<太字>をクリックすると、

3 文字が太くなります。

```
日時　3月3日（土）　10：00〜15：00（昼休憩あり）
会場　A）市民総合体育館　和室
　　　B）東町もみじ公園会館
　　　C）中央図書館　多目的ホール
```

Hint

太字を解除する

太字にした文字列を選択し、再度<太字> B をクリックすると、文字の設定が解除されます。

Keyword

文字書式

太字や斜体、色を付けるなどの文字に対する書式を文字書式といいます。

第2章 文書・文字・段落の設定

2 文字に下線を引く

1 文字列を選択します。

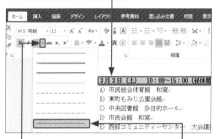

2 <ホーム>タブの<下線>の▾をクリックして、

3 下線の種類をクリックします。

Memo

下線を引く

<ホーム>タブの<下線>|U|をクリックすると、設定されている線種で下線が引かれます。左の操作のように、下線の種類を選んで引くこともできます。下線の色は、文字と同じ色になります。

日時　3月3日（土）　10：00〜15：00（昼休憩あり）
会場　A）市民総合体育館　和室

4 下線が引かれます。

3 下線の色を変更する

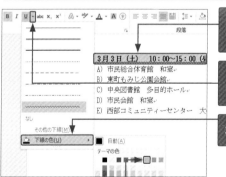

1 下線が引かれた文字列を選択します。

2 <ホーム>タブの<下線>の▾をクリックして、

3 <下線の色>をクリックし、

4 設定したい色をクリックします。

日時　3月3日（土）　10：00〜15：00（昼休憩あり）
会場　A）市民総合体育館　和室

5 下線の色が変更されます。

Hint

同じ下線を繰り返す

手順**5**以降、文字列を選択して<下線>|U|をクリックすると、ここで設定した書式が反映されます。

第2章　文書・文字・段落の設定

63

文書全体のレイアウトを設定する

文書の用紙サイズや文字数、行数などが決まっている場合は、文章を作成する前に<レイアウト>タブから<ページ設定>ダイアログボックスを表示して、ページ設定をしておくと便利です。

■ ページ設定

ページ設定とは、印刷用紙の設定や余白、文字数や行数など、文書全体にかかわる書式の設定のことです（数値は初期設定）。

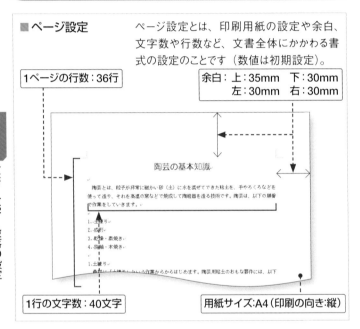

1ページの行数：36行

余白： 上：35mm 下：30mm
　　　 左：30mm 右：30mm

陶芸の基本知識

陶芸とは、粒子が非常に細かい砂（土）に水を混ぜてできた粘土を、手やろくろなどを使って造り、それを高温の窯などで焼成して陶磁器を造る技術です。陶芸は、以下の順番で作業をしていきます。

1. 土練り
2. 成形
3. 乾燥・素焼き
4. 施釉・本焼き

1. 土練り
最初に「土練り」といった作業からからはじめます。陶芸用粘土のおもな要件には、以下

1行の文字数：40文字

用紙サイズ：A4（印刷の向き：縦）

1 用紙サイズや余白を設定する

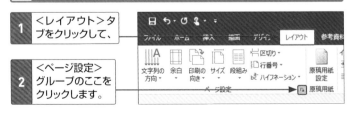

1 <レイアウト>タブをクリックして、

2 <ページ設定>グループのここをクリックします。

3 <ページ設定>ダイアログボックスが表示されるので、<用紙>をクリックして、

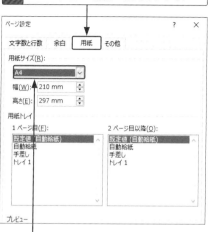

4 ここで用紙サイズを選択します。

5 <余白>をクリックして、

6 上下左右の余白を設定し、

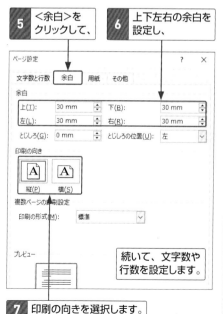

続いて、文字数や行数を設定します。

7 印刷の向きを選択します。

Memo

ページ設定は最初に

ページ設定を文書作成後に行うと、図表やイラストなどの配置がずれて、レイアウトが崩れてしまうことがあります。文書の作成中でもページ設定を変更することはできますが、最初に設定するほうが効率的です。

Memo

初期設定の書式

Word 2019の初期設定は以下のとおりです。

書　式	設　定
フォント	遊明朝
フォントサイズ	10.5pt（ポイント）
用紙サイズ	A4
1行の文字数	40文字
1ページの行数	36行

第2章 文書・文字・段落の設定

65

2 文字サイズや行数などを設定する

1 <文字数と行数>をクリックします。

2 縦書きか横書きかをクリックして選択し、

3 ここをクリックしてオンにします。

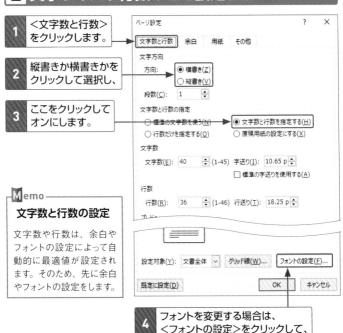

ページ設定

文字数と行数　余白　用紙　その他

文字方向
方向:　　◉ 横書き(Z)
　　　　　○ 縦書き(V)

段数(C):　1

文字数と行数の指定
○ 標準の文字数を使う(N)　　◉ 文字数と行数を指定する(H)
○ 行数だけを指定する(O)　　○ 原稿用紙の設定にする(X)

文字数
文字数(E): 40　(1-45)　字送り(I): 10.65 p
　　　　　　　　　　□ 標準の字送りを使用する(A)

行数
行数(R): 36　(1-46)　行送り(T): 18.25 p

設定対象(Y): 文書全体　∨　グリッド線(W)...　フォントの設定(F)...

既定に設定(D)　　　　　　OK　　キャンセル

Memo

文字数と行数の設定

文字数や行数は、余白やフォントの設定によって自動的に最適値が設定されます。そのため、先に余白やフォントの設定をします。

4 フォントを変更する場合は、<フォントの設定>をクリックして、

5 <フォント>ダイアログボックスでフォントやサイズを設定して、

Hint

字送りと行送り

<字送り>とは文字の左端（縦書きの場合は上端）から次の文字の左端（上端）まで、<行送り>とは行の上端（縦書きの場合は右端）から次の行の上端（右端）までの長さのことです。

フォント

フォント　詳細設定

日本語用のフォント(T):　　　　　スタイル(Y):　サイズ(S):
HG丸ゴシックM-PRO　　　　　　標準　　　　　11
英数字用のフォント(F):　　　　　斜体　　　　　10
+本文のフォント　　　　　　　　太字　　　　　10.5
　　　　　　　　　　　　　　　　　　　　　　　11

すべての文字列
フォントの色(C):　下線(U):　　下線の色(I):　　傍点(:)
自動　　　　　（下線なし）　　自動　　　　　（傍点なし）

TrueType フォントです。印刷と画面表示の両方で...

既定に設定(D)　　　　　　OK　　キャンセル

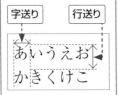

字送り　　行送り

あいうえお
かきくけこ

6 <OK>をクリックします。

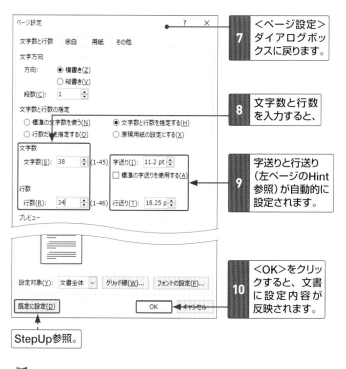

7 <ページ設定>ダイアログボックスに戻ります。

8 文字数と行数を入力すると、

9 字送りと行送り（左ページのHint参照）が自動的に設定されます。

10 <OK>をクリックすると、文書に設定内容が反映されます。

StepUp参照。

StepUp

ページ設定の内容を新規文書に適用する

上図の<既定に設定>をクリックして表示される確認画面で<はい>をクリックすると、ページ設定の内容が保存され、次回から作成する新規文書にも適用されます。

Microsoft Word

印刷レイアウトの既定値を変更しますか？

この変更は、NORMAL テンプレートを基に作成されるすべての新しい文書に影響します。

はい(Y)　　いいえ(N)

Hint

そのほかの設定方法

<レイアウト>タブの<ページ設定>グループにある<文字列の方向>や<余白>、<印刷の向き>、<サイズ>を利用しても、文字数や行数などの設定できます。

第2章　文書・文字・段落の設定

文字列を右揃え／中央揃えにする

ビジネス文書では、日付は右に揃え、タイトルは中央に揃えるなどの書式が一般的で、右揃えや中央揃えなどの機能を利用します。なお、初期設定の配置は、両端揃えになっています。

1 文字列を右側に揃える

1 段落をクリックしてカーソルを移動し、

2 <ホーム>タブの<右揃え>をクリックすると、

2019年5月31日

資料送付のご案内。

3 文字列が右に揃えられます。

2019年5月31日

資料送付のご案内。

Memo

段落の指定

設定する段落内のどこかの行にカーソルを移動していれば、その段落が設定の対象となります。

Memo

段落の配置

<ホーム>タブの<段落>グループにあるコマンドを利用して、段落ごとに配置を設定できます。初期設定では<両端揃え>≡で、このほか<左揃え>≡、<右揃え>≡、<中央揃え>≡、<均等割り付け>▤の5種類が用意されています。

第2章 文書・文字・段落の設定

2 文字列を中央に揃える

1 段落をクリックして
カーソルを移動し、

2 <ホーム>タブの<中央揃え>
をクリックすると、

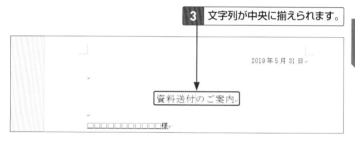

3 文字列が中央に揃えられます。

Memo

両端揃えと左揃えの違い

両端揃えでは、段落の両端で文字が揃うように
文字間が調整されます。左揃えは左端に揃えるの
で、右側(行末)が文字幅に揃いません。

Hint

配置の解除

配置の設定を変更した
段落を選択するか、段落
にカーソルを移動して、
<ホーム>タブの<両端
揃え>≡をクリックする
と、配置の設定を解除で
きます。

タブや均等割り付けを設定する

箇条書きなどで、文字列の先頭や項目の文字幅が揃っていると見やすく、見栄えがよくなります。先頭文字を揃えたい場合は、タブを使うと便利です。また、均等割り付けで文字列の幅を揃えます。

1 タブを挿入する

水平ルーラーを表示しています（右ページのMemo参照）。

Keyword

タブ

「タブ」は特殊なスペース（空白）で、既定では4文字間隔で設定されます。左側の文字が4文字以上ある場合は、再度Tabを押すと8文字の位置に揃います。

Memo

タブ記号の表示

タブが挿入されると、編集記号のタブ記号→が表示されます。編集記号の表示については、P.47を参照してください。

1 タブを挿入したい位置にカーソルを移動して、

2 Tabを押すと、

3 タブが挿入されます。

4 ほかの箇所もタブを挿入すると、文字列の先頭が揃います。

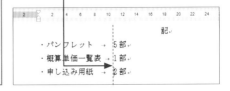

70

2 タブ位置を設定してからタブを挿入する

1 段落を選択して、

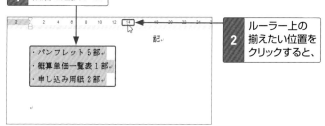

2 ルーラー上の揃えたい位置をクリックすると、

3 タブマーカーが表示されます。

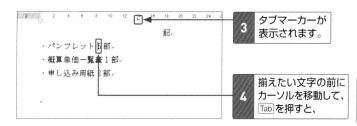

4 揃えたい文字の前にカーソルを移動して、[Tab]を押すと、

5 文字の先頭がタブ位置に揃います。

Memo

水平ルーラーの表示方法

<表示>タブの<ルーラー>をクリックしてオンにします。

6 ほかの文字列も同様に揃えます。

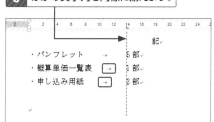

Hint

タブの解除

タブの左にカーソルを移動して[Delete]を押すと、タブが解除されます。

3 タブ位置を変更する

Hint

タブ位置を解除する

タブマーカー **L** をルーラーの外にドラッグすると、タブマーカーが消えます。また、＜タブとリーダー＞画面（StepUp参照）で、設定したタブをクリアしても、タブの指定を解除できます。

1 段落を選択して、

・パンフレット　　　→　5部
・概算単価一覧表　　→　1部
・申し込み用紙　　　→　2部

2 タブマーカーをドラッグすると、

3 変更したタブ位置に文字列が揃えられます。

・パンフレット　　　　　→　5部
・概算単価一覧表　　　　　→　1部
・申し込み用紙　　　　　→　2部

StepUp

タブの配置を数値で設定する

ルーラーをクリックすると、文字位置がずれる場合があります。タブの位置を詳細に設定するには、＜タブとリーダー＞画面を利用して、数値で指定するとよいでしょう。

＜タブとリーダー＞画面は、タブマーカーをダブルクリックするか、＜段落＞ダイアログボックス（P.85のStepUp参照）の＜タブ設定＞をクリックすると表示されます。

なお、タブの設定が異なる複数の段落を同時に選択した場合は、まとめて設定することはできません。

4 均等割り付けを設定する

1 文字列を選択して、

2 <ホーム>タブの<均等割り付け>をクリックします。

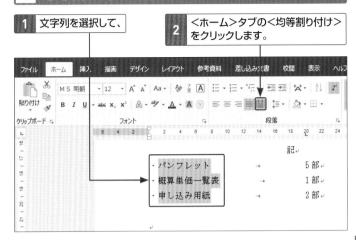

3 割り付ける幅を文字数で指定して、

文字の均等割り付け

現在の文字列の幅： 7字 (32.8 mm)
新しい文字列の幅(I)： 9字 (32.8 mm)

4 <OK>をクリックします。

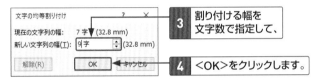

5 指定した幅に文字列の両端が揃えられます。

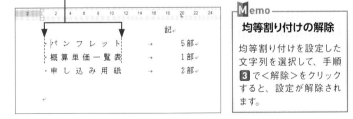

Memo

均等割り付けの解除

均等割り付けを設定した文字列を選択して、手順**3**で<解除>をクリックすると、設定が解除されます。

Memo

段落の均等割り付けの注意

段落を選択する際に段落記号 ↵ を含めると、正しい文字の均等割り付けができなくなります。そのため、文字列のみを選択します。また、段落を対象に均等割り付けを設定する場合は、段落にカーソルを移動して<ホーム>タブの<拡張書式> をクリックし、<文字の均等割り付け>をクリックして設定します。

第2章 文書・文字・段落の設定

73

字下げを設定する

> 段落を字下げするときは、インデントを設定します。インデントを利用すると、最初の行と2行目以降に別々の字下げを設定したり、段落全体をまとめて字下げしたりできます。

| インデント | 「インデント」とは段落の左端を下げる機能のことで、以下の3種類があります。このほかに、右端を字下げする「右インデント」も利用できます（P.77 の Memo 参照）。 |

インデントマーカー

陶芸とは、粒子が非常に細かい砂（土）に
を使って造り、それを高温の窯などで焼成

1行目の
インデントマーカー

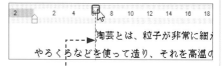

段落の1行目だけを下げます（字下げ）。

ぶら下げ
インデントマーカー

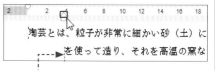

段落の2行目以降を下げます（ぶら下げ）。

左インデントマーカー

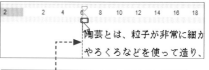

選択した段落のすべての左端を下げます。

1 段落の1行目を下げる

1 段落の中にカーソルを移動して、

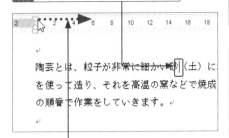

陶芸とは、粒子が非常に細かい砂（土）に
を使って造り、それを高温の窯などで焼成
の順番で作業をしていきます。

2 <1行目のインデント>マーカー（左ページ参照）をドラッグすると、

3 1行目の先頭が下がります。

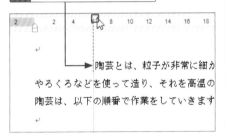

陶芸とは、粒子が非常に細か
やろくろなどを使って造り、それを高温の
陶芸は、以下の順番で作業をしていきます

水平ルーラーを表示
しています（P.36の
Memo参照）。

Memo

**1行目の
インデントマーカー**

段落の1行目のみ字下げ
したい場合は、<1行目の
インデント>マーカーをド
ラッグします。

Memo

**正確な文字数で
字下げする**

ルーラーではおおよその
字下げしか指定しかでき
ません。<段落>ダイ
アログボックス（P.85の
StepUp参照）の<イン
デントと行間隔>タブを
選択し、<インデント>
の<最初の行>で<字下
げ>、<幅>で文字数を
指定すると、正確な文字
数で字下げできます。

第2章 文書・文字・段落の設定

Hint

複数の段落の1行目を字下げする

複数の段落を選択して、手順 2 を操作すると、各段落の1行目のみ同時に字下げ
ができます。

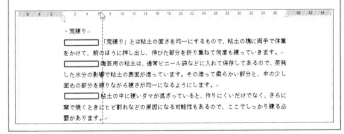

・荒練り

「荒練り」とは粘土の固さを均一にするもので、粘土の塊に両手で体重
をかけて、前のほうに押し出し、伸びた部分を折り重ねて何度も練っていきます。
　　　　　　　陶芸用の粘土は、通常ビニール袋などに入れて保存してあるので、蒸発
した水分の影響で粘土の表面が湿っています。その湿って柔らかい部分と、中の少し
固めの部分を練りながら硬さが均一になるようにします。
　　　　　　　粘土の中に硬いダマが混ざっていると、作りにくいだけでなく、さらに
窯で焼くときにヒビ割れなどの原因になる可能性もあるので、ここでしっかり練る必
要があります。

2 段落の2行目以降を下げる

Hint

インデントマーカー の微調整

Alt を押しながら各インデントマーカーをドラッグすると、微調整することができます。また、<段落>ダイアログボックスを利用すると、詳細な数値を設定できます。

1 段落の中にカーソルを移動して、

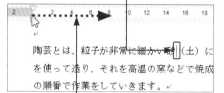

陶芸とは、粒子が非常に細かい砂（土）に
を使って造り、それを高温の窯などで焼成
の順番で作業をしていきます。↵

2 <ぶら下げインデント>マーカー （P.74参照）をドラッグすると、

陶芸とは、粒子が非常に細かい砂（土）に
を使って造り、それを高
す。陶芸は、以下の順番

3 2行目以降の左端が 下がります。

Hint

1文字分ずつ段落を字下げする

<ホーム>タブの<インデントを増やす> をクリックすると、段落全体が1文字分下がります。<インデントを減らす> をクリックすると、段落全体のインデントが1文字分戻ります。

1 段落内にカーソルを移動して、

2 <ホーム>タブの<インデントを増やす>をクリックすると、

陶芸とは、粒子が非常に細か〇（土）に水を混ぜてできた
を使って造り、それを高温の窯などで焼成して陶磁器を造る
の順番で作業をしていきます。↵

3 段落全体が1文字 分字下げします。

陶芸とは、粒子が非常に細かい砂（土）に水を混ぜてでき
どを使って造り、それを高温の窯などで焼成して陶磁器を
以下の順番で作業をしていきます。↵

第2章 文書・文字・段落の設定

3 インデントマーカーで段落の左端を下げる

1 段落内にカーソルを移動して、

陶芸とは、粒子が非常に細かい粘土（土）に
を使って造り、それを高温の窯などで焼成
の順番で作業をしていきます。

2 <左インデント>マーカー
（P.74参照）をドラッグすると、

（P.74参照）

Hint

インデントの解除

設定した段落を選択して
インデントマーカーをもと
の位置にドラッグするか、
段落の先頭にカーソルを
移動して BackSpace を押す
と、インデントが解除され
ます。

陶芸とは、粒子が非常に紙
手やろくろなどを使って
器を造る技術です。陶芸

3 選択した段落の
左端が下がります。

4 段落の右端を下げる

1 段落を選択して、

2 <右インデント>マーカーを
左にドラッグします。

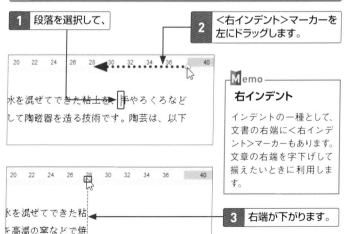

水を混ぜてできた粘土を、手やろくろなど
して陶磁器を造る技術です。陶芸は、以下

Memo

右インデント

インデントの一種として、
文書の右端に<右インデ
ント>マーカーもあります。
文章の右端を字下げして
揃えたいときに利用しま
す。

水を混ぜてできた粘
を高温の窯などで焼
Fの順番で作業をし

3 右端が下がります。

箇条書きを設定する

Wordには、自動的に箇条書きを作成する入力オートフォーマット機能があり、先頭に行頭文字を入力した箇条書きの形式になります。また、文字列に対して箇条書きを設定することもできます。

1 箇条書きを作成する

1 「・」を入力して[Enter]を押し、

2 続けて[Space]を押します。

記↵

・↵

3 文字を入力して、最後に[Enter]を押すと、

<オートコレクトのオプション>が表示されます（右ページのStepUp参照）。

・→弊社パンフレット□5部↵

4 次の行に「・」が自動的に入力されます。

・→弊社パンフレット□5部↵
・→概算単価一覧表□1部↵

Hint

行頭文字を付ける

先頭に入力する「・」を「行頭文字」といいます。●や■などでも同じように箇条書きが作成されます。なお、行頭文字の記号は変更することができます（P.81参照）。

5 文字を入力して、最後に[Enter]を押すと、

6 箇条書きが設定されるので、文字を入力します。

・→弊社パンフレット□5部↵
・→概算単価一覧表□1部↵
・→申し込み用紙□2部↵

箇条書きの終了方法はP.80を参照。

2 あとから箇条書きに設定する

```
1  項目を入力した範囲を
   選択して、
```

```
2  <ホーム>タブの<箇条
   書き>をクリックすると、
```

```
3  箇条書きが設定されます。
```

・→弊社パンフレット□5部
・→概算単価一覧表□1部
・→申し込み用紙□2部

StepUp

箇条書きが設定されない場合

箇条書きは、入力オートフォーマット機能によって自動的に設定されるようになっています。設定されない場合は、この機能がオフになっていると考えられます。

<ファイル>タブの<オプション>をクリックして、<Wordのオプション>ダイアログボックスの<文章校正>で<オートコレクトのオプション>をクリックします。<オートコレクト>ダイアログボックスの<入力オートフォーマット>で<箇条書き（行頭文字）>をオンにします。

3 箇条書きの設定を終了する

Hint

**箇条書きをまとめて
解除する**

箇条書きが設定されてい
る段落をすべて選択して、
＜箇条書き＞ をク
リックします。

1 箇条書きの最後の行で、
何も入力せずに Enter を押します。

・→弊社パンフレット□5部↵
・→概算単価一覧表□1部↵
・→申し込み用紙□2部↵

・→弊社パンフレット□5部↵
・→概算単価一覧表□1部↵
・→申し込み用紙□2部↵

2 箇条書きが解除
され、通常の行
になります。

Hint

勝手に箇条書きにならないようにする

「・」などの記号を入力すると、
自動的に箇条書きになりま
す。箇条書きにしたくない場
合は、＜オートコレクトのオ
プション＞でこの機能をオフ
にすることができます（P.79
のStepUp参照）。

その都度設定する場合は、右
のように＜オートコレクトのオ
プション＞ をクリックして、
＜箇条書きを自動的に作成し
ない＞をクリックします。

1 マウスポインターを合わせます。

・→弊社パンフレット□5部↵
概算単価一覧表□1部↵
申し込み用紙□2部↵

2 メニューが
表示される
ので、

3 ここを
クリックします。

・→弊社パンフレット□5部↵

↶ 元に戻す(U) - 箇条書きの自動設定
箇条書きを自動的に作成しない(S)
オートフォーマット オプションの設定(C)...

4 行頭文字の記号を変更する

1 箇条書きを設定した段落を選択して、

2 <ホーム>タブの<箇条書き>の右側をクリックます。

記．

- ・弊社パンフレット□5部．
- ・概算単価一覧表□1部．
- ・申し込み用紙□2部．

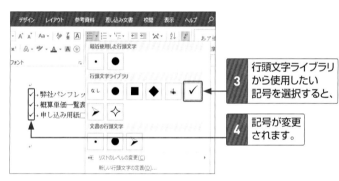

3 行頭文字ライブラリから使用したい記号を選択すると、

4 記号が変更されます。

最近使用した行頭文字

行頭文字ライブラリ

文書の行頭文字

⇤ リストのレベルの変更(C)
新しい行頭文字の定義(D)...

- ✓ ・弊社パンフレッ
- ✓ ・概算単価一覧表
- ✓ ・申し込み用紙□

StepUp

新しい行頭文字を設定する

手順 **3** のメニューで<新しい行頭文字の定義>をクリックして、表示される<新しい行頭文字の定義>画面で、新しい行頭文字を設定することができます。

<記号>をクリックすると、<記号と特殊文字>ダイアログボックスが表示され、文字や記号を選択できます。

<図>をクリックすると、<画像の挿入>画面が表示され、画像や図を検索して、挿入することができます。

新しい行頭文字の定義   ? ×

行頭の文字
記号(S)...   図(P)...   文字書式(F)...
配置(M):
左揃え   ∨
プレビュー

OK   キャンセル

段組みを設定する

Wordでは、文書全体、あるいは一部の範囲に段組みを設定することができます。さらに、段幅や段の間隔を変更したり、段間に境界線を入れて読みやすくすることも可能です。

1 文書全体に段組みを設定する

1 段組みにする範囲を選択して、

2 <レイアウト>タブの<段組み>をクリックし、

右ページの手順**1**参照。

Memo

段組みの設定

1行が長すぎて読みにくい場合など、段組みを利用すると便利です。最初に範囲を選択しなければ、文書全体に段組みが設定されます。

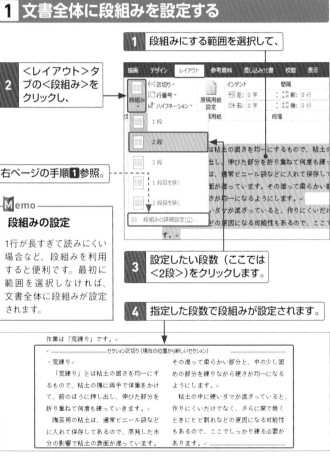

描画　デザイン　レイアウト　参考資料　差し込み文書　校閲　表示

段組み
1 段
2 段
3 段
1 段目を狭く
2 段目を狭く
段組みの詳細設定(C)...

3 設定したい段数(ここでは<2段>)をクリックします。

4 指定した段数で段組みが設定されます。

作業は「荒練り」です。

―――――セクション区切り (現在の位置から新しいセクション)―――――

・荒練り

「荒練り」とは粘土の固さを均一にするもので、粘土の塊に両手で体重をかけて、前のほうに押し出し、伸びた部分を折り重ねて何度も練っていきます。

陶芸用の粘土は、通常ビニール袋などに入れて保存してあるので、蒸発した水分の影響で粘土の表面が湿っています。

その湿って柔らかい部分と、中の少し固めの部分を練りながら硬さが均一になるようにします。

粘土の中に硬いダマが混ざっていると、作りにくいだけでなく、さらに窯で焼くときにヒビ割れなどの原因になる可能性もあるので、ここでしっかり練る必要があります。

2 段の幅を調整して段組みを設定する

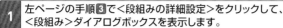

1 左ページの手順**3**で<段組みの詳細設定>をクリックして、<段組み>ダイアログボックスを表示します。

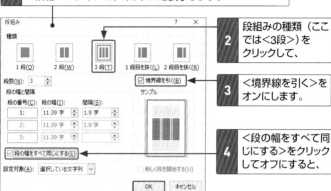

2 段組みの種類（ここでは<3段>）をクリックして、

3 <境界線を引く>をオンにします。

4 <段の幅をすべて同じにする>をクリックしてオフにすると、

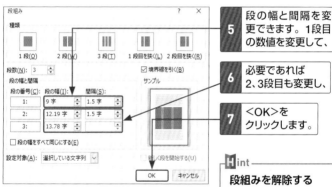

5 段の幅と間隔を変更できます。1段目の数値を変更して、

6 必要であれば2、3段目も変更し、

7 <OK>をクリックします。

8 指定した幅の段組みが設定されます。

Hint

段組みを解除する

設定直後なら、<元に戻す>をクリックすれば、段組みを解除できます（第0章Sec.04参照）。あとから解除する場合は、段組みの段落を選択して、手順**3**で<1段>をクリックして1段にします。その後、残ったセクション区切り（P.47参照）を選択し、Deleteを押して削除します。

行間隔を設定する

行の間隔を設定すると、1ページに収まる行数を増やしたり、見出しと本文の行間を調整して、文書を読みやすくすることができます。また、段落の間隔も変更できます。

1 段落の行間隔を広げる

1行の間隔を2倍に広げます。

1 段落内にカーソルを移動して、

右ページのStepUp参照。

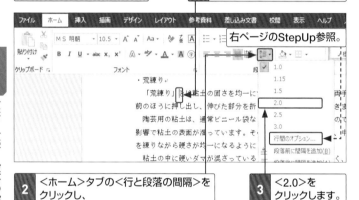

- 荒練り。
「荒練り」┃♭粘土の固さを均一に
前のほうに押し出し、伸びた部分を折
　陶芸用の粘土は、通常ビニール袋な
影響で粘土の表面が湿っています。そ
を練りながら硬さが均一になるように
　粘土の中に硬いダマが混ざっている

| 1.0 |
| 1.15 |
| 1.5 |
| 2.0 |
| 2.5 |
| 3.0 |
行間のオプション...
段落前に間隔を追加(B)

2 <ホーム>タブの<行と段落の間隔>をクリックし、

3 <2.0>をクリックします。

4 段落の行間が2倍になります。

- 荒練り。
「荒練り」とは粘土の固さを均一にするもので、粘土の塊に両手

前のほうに押し出し、伸びた部分を折り重ねて何度も練っていきま

　陶芸用の粘土は、通常ビニール袋などに入れて保存してあるので、

影響で粘土の表面が湿っています。その湿って柔らかい部分と、中

Memo
段落の選択

段落を選択するには、その段落内にカーソルを移動します。複数の段落の場合は、段落をドラッグして選択します（第1章 Sec.07）。

Hint
行間をもとに戻す

行間をもとに戻すには、設定した段落を選択して、手順 **3** で<1.0>をクリックします。

2 段落の前後の間隔を広げる

1 段落にカーソルを移動して、

2 <ホーム>タブの<行と段落の間隔>をクリックし、

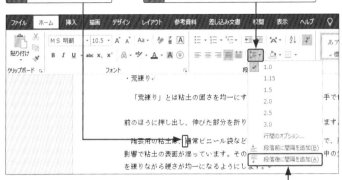

3 <段落後に間隔を追加>をクリックします。

4 段落後に空きができます。

前のほうに押し出し、伸びた部分を折り重ねて何度も練っていきます。

　陶芸用の粘土は、通常ビニール袋などに入れて保存してあるので、蒸発した水分の影響で粘土の表面が湿っています。その湿って柔らかい部分と、中の少し固めの部分を練りながら硬さが均一になるようにします。

粘土の中に硬いダマが混ざっていると、作りにくいだけでなく、さらに窯で焼くと

Hint

間隔を解除する

段落を選択して、同様の手順から<段落前の間隔を削除>あるいは<段落後の間隔を削除>を選択すると、設定が解除されます。

Memo

段落の間隔

手順 **3** の<段落前に間隔を追加>(<段落後に間隔を追加>)では、段落の前(後)に12pt分の空きが挿入されます。

StepUp

ダイアログボックスで指定する

左ページの手順 **3** で<行間のオプション>をクリックすると、<段落>ダイアログボックスが表示されます。<インデントと行間隔>タブの設定で、行間や段落前後の空きを数値で指定できます。

段落	? ×

インデントと行間隔　改ページと改行　体裁

☑ 1 行の文字数を指定時に右のインデント幅を自動調整する(D)

間隔
段落前(B):	12 pt	行間(N):	間隔(A):
段落後(F):	0 行	1 行	

☐ 同じスタイルの場合は段落間にスペースを追加しない(C)

文書を印刷する

文書が完成したら、印刷してみましょう。印刷の前に、印刷プレビューで印刷イメージを確認します。<印刷>画面では、ページ設定の確認、プリンターのオプションや印刷する条件などを設定できます。

Backstage ビューの <印刷>画面構成	Word 2019 は、Backstage ビューの<印刷>画面に、印刷プレビューやプリンターの設定、印刷内容の設定など、印刷を実行するための機能がまとめて用意されています。

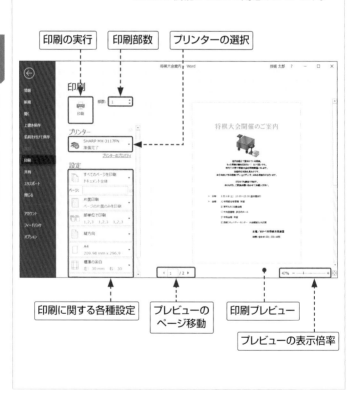

第2章 文書・文字・段落の設定

1 印刷の前に印刷イメージを確認する

1 印刷する文書を開き、

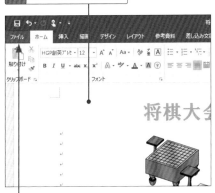

Hint

印刷プレビューの表示倍率

印刷プレビューの表示倍率を変更するには、印刷プレビューの右下にあるズームスライダーをドラッグするか、左右の<拡大>、<縮小>をクリックします。

2 <ファイル>タブをクリックします。

3 <印刷>をクリックすると、

4 印刷プレビューが表示されます。

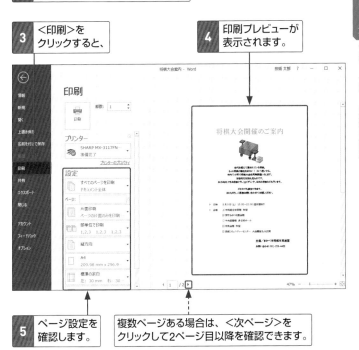

5 ページ設定を確認します。

複数ページある場合は、<次ページ>をクリックして2ページ目以降を確認できます。

2 文書を印刷する

1 プリンターを確認して、

2 <印刷>を クリックします。

印刷

部数: 1

印刷

プリンター

SHARP MX-3117FN…
準備完了

プリンターのプロパティ

設定

すべてのページを印刷
ドキュメント全体

ページ: Hint参照。

片面印刷
ページの片面のみを印刷…

部単位で印刷
1,2,3 1,2,3 1,2,3

情報
新規
開く
上書き保存
名前を付けて保存
印刷
共有
エクスポート
閉じる
アカウント

初めての場合、<部数>は「1」で印刷します。

Memo

印刷する前に

印刷の前に、プリンターの電源と用紙がセットされていることを確認しましょう。また、手順 1 でプリンターを設定した場合、必ず<準備完了>と表示されていることを確認しましょう（表示されるプリンター名は利用しているプリンターによって異なります）。

Memo

印刷部数の指定

初めて印刷する場合は、まず1部印刷して仕上がりを確認してから、<部数>に必要枚数を指定するとよいでしょう。

Hint

白黒印刷にする

文字に色を付けたり、カラーの写真を挿入していても、白黒（モノクロ）で印刷したい場合は、プリンターの設定を変更します。<プリンターのプロパティ>をクリックして、<プリンターのプロパティ>画面を表示し、白黒印刷の項目に設定します。この項目は、プリンターの機種によって異なります。詳しくは、プリンターのマニュアルでご確認ください。

第2章 文書・文字・段落の設定

3 用紙の向きを変える

縦方向を横方向に変更します。

1 ここをクリックして、

2 <横方向>をクリックします。

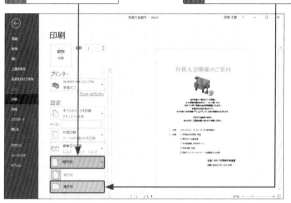

3 用紙の向きが変更されます。

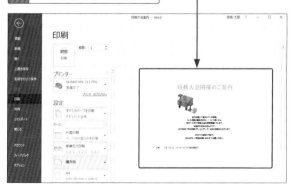

Memo

用紙の向き

用紙の向きは、文書作成の最初にページ設定（第2章Sec.14参照）で設定するほか、ここで変更することもできます。ただし、図などを配置している場合は、レイアウトが崩れてしまう可能性があるので注意が必要です。変更した場合は、必ず印刷プレビューを確認しましょう。

ページ番号や文書の
タイトルを挿入する

ページの上下の余白部分には、本文とは別に日付やタイトル、ページ番号などを挿入することができます。上の部分をヘッダー、下の部分をフッターといい、配置しやすいデザインも用意されています。

1 フッターにページ番号を挿入する

1 ＜挿入＞タブをクリックして、

2 ＜ページ番号＞をクリックします。

3 ページ番号の挿入位置を選択して（ここでは＜ページの下部＞）、

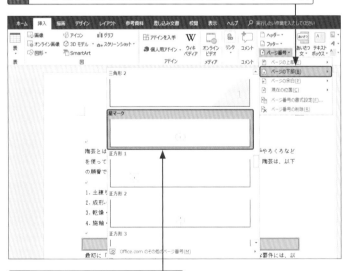

4 目的のデザインをクリックします。

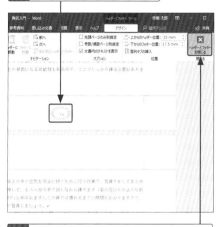

5 ページ番号が挿入されます。

6 ここをクリックして、編集画面に戻ります。

Hint

ページ番号の削除

左ページの手順**3**で
＜ページ番号の削除＞を
クリックすると、ページ番
号が削除されます。

StepUp

**先頭ページにページ
番号を付けない場合**

＜ヘッダー／フッターツー
ル＞の＜デザイン＞タブに
ある＜先頭ページのみ別
指定＞をクリックしてオン
にすると、先頭ページが
別指定になります。

Memo

ページ番号とヘッダー／フッター

ページ番号はヘッダー、フッターのどちらにも挿入できます。左ページの手順**2**で
＜フッター＞または＜ヘッダー＞をクリックして、ページ番号のデザインを選びます。

2 ヘッダーにタイトルを挿入する

1 ＜挿入＞タブの＜ヘッダー＞をクリックして、

2 タイトルの入ったデザインをクリックします。

Hint

**ヘッダー／フッター
の削除**

＜挿入＞タブまたは＜ヘッ
ダー／フッターツール＞の
＜デザイン＞タブにある
＜ヘッダー＞、＜フッター＞
をクリックして、＜〜の
削除＞をクリックすると、
ヘッダー／フッターが削除
されます。

第2章 文書・文字・段落の設定

91

3 ヘッダーが挿入されます。

［文書のタイトル］

ヘッダー

陶芸の基本知識

タイトル名を入力します。

4 ここをクリックすると、本文の編集画面に戻ります。

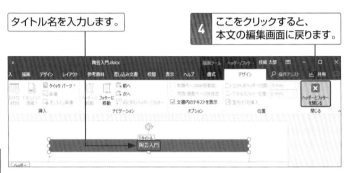

陶芸入門

Hint

ヘッダー／フッターのデザイン

ヘッダー／フッターのデザインは、左右ページ用や日付などがセットになったものもあります。デザインが不要な場合は、編集画面で上下の余白をダブルクリックすると、ヘッダー／フッター欄が表示されるので、自由に入力することができます。

StepUp

日付を入力する

デザインに「日付」がある場合は、<日付>をクリックして右側の▼クリックするとカレンダーが表示されます。日付をクリックするだけで、かんたんに挿入できます。

第3章

イラスト・図形・表などの設定

イラストを挿入する

文書内にイラストを挿入する場合、オンライン画像を利用して、イ
ンターネット上でイラストを探す方法があります。このとき、パソ
コンをインターネットに接続しておく必要があります。

1 イラストを検索して挿入する

Memo
イラストの検索

インターネットでイラスト
や画像を探すには、＜オ
ンライン画像＞を利用し
ます。

Hint
画像を挿入する

手順 2 で＜画像＞をク
リックすると＜図の挿入＞
ダイアログボックスが表示
されて、パソコン内に保
存されている画像や写真
を指定して挿入できる。

Hint
カテゴリを利用する

手順 3 でキーワードを入
力せずに、各カテゴリを
クリックすることでも検索
できます。

1 イラストを挿入したい位置に
カーソルを移動して、

2 ＜挿入＞タブの＜オンライン画像＞を
クリックします。

3 キーワードを入力して、Enter を押します。

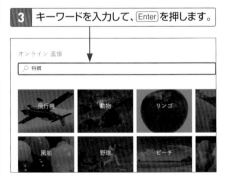

4 <フィルター>をクリックして、<クリップアート>をクリックします。

5 目的のイラストをクリックして、

6 <挿入>をクリックします。

Memo

クリップアートのみにする

検索索結果には画像も含まれているので、フィルターでクリップアート（イラスト）を指定して検索を絞り込みます。

7 イラストが挿入されます。

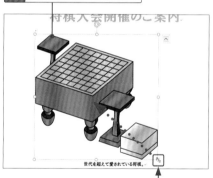

8 ハンドルにマウスポインターを合わせ、🔦 の形に変わった状態でドラッグすると、

9 イラストのサイズを変更できます。

Hint

ライセンスの注意

インターネット上に公開されているイラストを利用する場合は、著作権に注意が必要です。選択したイラストの右下の<詳細とその他の操作>・・・をクリックするとリンクが表示されます。出典元で著作権を確認し、自由に使ってよいものを選びましょう。

Memo

イラストの削除

イラストをクリックして Delete を押すと、イラストを削除できます。

第3章　イラスト・図形・表などの設定

95

文章内にイラストを配置する

挿入したイラストは、自由に移動したり、文章をイラストの周りに配置したりできるように文字列の折り返しを指定します。イラストの近くに表示されるレイアウトオプションを利用します。

1 文字列の折り返しを設定する

Hint

そのほかの指定方法

<書式>タブの<文字列の折り返し>をクリックして、折り返しの種類を選択しても指定できます。

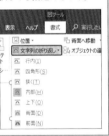

Keyword

文字列の折り返し

イラストを挿入した場合、文書内に固定されて配置されます。移動したり、オブジェクトの周りに文章を配置させたりする場合は、<文字列の折り返し>を<行内>以外に設定する必要があります。

1 イラストをクリックして選択します。

2 <レイアウトオプション>をクリックして、

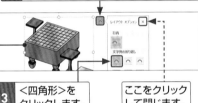

3 <四角形>をクリックします。

ここをクリックして閉じます。

4 イラストの周りに文章が配置されます。

5 イラストにマウスポインターを合わせ、形が変わったことを確認します。

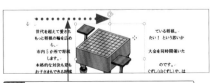

6 イラストをドラッグして移動できます。

文字列の折り返しの種類

挿入したイラストやテキストボックス、図、画像などのオブジェクトを、文章内でどのように配置するかを設定することができます。これを「文字列の折り返し」といい、オブジェクトを選択すると表示される<レイアウトオプション>、または<図ツール>の<書式>タブで<文字列の折り返し>から設定します。

行内

イラスト全体が1つの文字として
文章中に挿入されます。

四角形

イラストの周囲に、四角形の枠に
沿って文字列が折り返されます。

狭く

イラストの枠に沿って文字列が折
り返されます。

内部

イラストの中の透明な部分にも
文字列が配置されます。

上下

文字列がイラストの上下に配置
されます。

背面

イラストを文字列の背面に配置し
ます。文字列は折り返されません。

前面

イラストを文字列の前面に配置し
ます。文字列は折り返されません。

第3章 イラスト・図形・表などの設定

かんたんな図形を描く

四角形や直線などの単純な図形は、<挿入>タブの<図形>から選んでドラッグするだけで、かんたんに描くことができます。描いた図形のサイズを、正確な数値で指定することもできます。

1 四角形を描く

1 <挿入>タブをクリックして、

2 <図形>をクリックし、

3 <正方形／長方形>をクリックします。

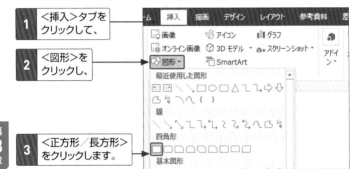

4 マウスポインターが＋になった状態で、作成したいサイズをドラッグします。

Hint

正方形を描く

手順 **4** で Shift を押しながらドラッグすると、正方形を作成できます。あるいは、手順 **4** でドラッグせずに、クリックするだけで各辺が同じ図形を作成できます。

5 四角形が描かれます。

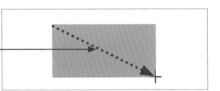

98

2 図形のサイズを調整する

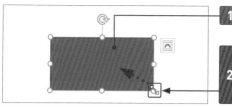

1 図形をクリックして、

2 ハンドルにマウスポインターを合わせ、🗝の状態になったらドラッグします。

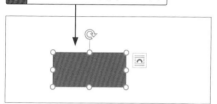

3 図形のサイズが変更できます。

Hint

縦横比を維持する

手順 **2** で Shift を押しながらドラッグすると、もとの図形の縦横比を維持してサイズを変更できます。

Hint

サイズを数値で指定する

部屋のレイアウト図など縮小サイズで作成する場合、正確な数値でサイズを指定する必要があります。図形をクリックして、<図ツール>の<書式>タブで<サイズ>の<高さ>と<幅>ボックスに数値を入力します。

StepUp

図形を回転する

図形を選択して回転ハンドル◎が表示される種類は、回転させることができます。回転ハンドルにマウスポインターを合わせて🔄になったら、ドラッグすると、図形が回転します。
また、図形を選択して、<図ツール>の<書式>タブで<オブジェクトの回転>🔄をクリックし、回転の種類を選択しても回転できます。<その他の回転オプション>をクリックすると、回転角度を指定することができます。

3 直線を引く

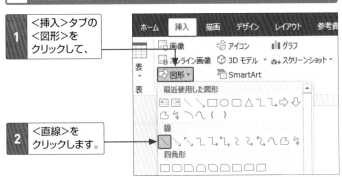

1 <挿入>タブの<図形>をクリックして、

2 <直線>をクリックします。

Memo

<図形>コマンド

図を選択している場合は、<描画ツール>の<書式>タブで<図形>をクリックしても新しい図形を選択できます。

---

3 マウスポインターの形が+になった状態で横にドラッグすると、

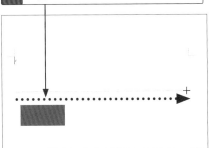

Hint

水平に直線を引く

手順3 で Shift を押しながらドラッグすると、線を水平に引くことができます。

---

4 直線が引かれます。

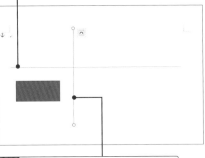

Memo

点線を引く

点線は、直線の線の種類を変更することで作成できます (P.103Hint参照)。

---

5 同様にして、縦の直線も引けます。

4 吹き出しを描く

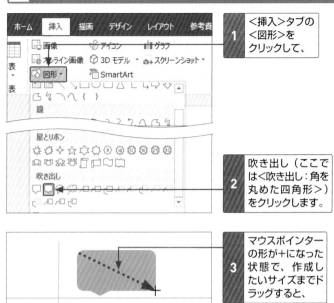

1 <挿入>タブの<図形>をクリックして、

2 吹き出し（ここでは<吹き出し：角を丸めた四角形>）をクリックします。

3 マウスポインターの形が+になった状態で、作成したいサイズまでドラッグすると、

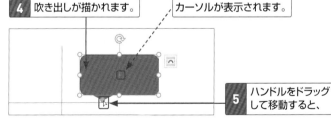

4 吹き出しが描かれます。

カーソルが表示されます。

5 ハンドルをドラッグして移動すると、

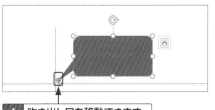

6 吹き出し口を移動できます。

Hint

吹き出しのテキスト

吹き出しは文字を入れるための図形です。吹き出しを描くと、自動的に文字が入力できる状態になります。

図形の色や
線の太さを変更する

図形の塗りつぶしの色を変更するには、<描画ツール>の<書式>タブで<図形の塗りつぶし>から選択します。図形の枠線の太さや色を変更するには、<書式>タブの<図形の枠線>から選択します。

1 図形の塗りつぶしの色を変更する

Memo

枠線の変更

図形は、図の中と枠線にそれぞれ別の色が設定されています。色を変更するには、図の中だけでなく、枠線も変更する必要があります（右ページ参照）。また、枠線が不要な場合は、<図形の枠線>の右側をクリックして、<枠線なし>をクリックします。

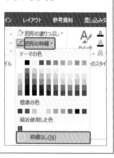

1 図形をクリックして選択します。

2 <描画ツール>の<書式>タブで<図形の塗りつぶし>の右側をクリックして、

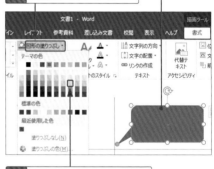

3 目的の色をクリックします。

4 塗りつぶしの色が変更されます。

5 枠線を消します（Memo参照）。

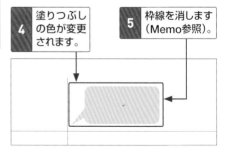

2 線の太さと色を変更する

1 図形をクリックして選択します。

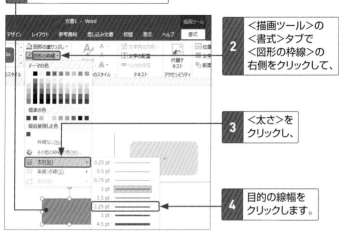

2 <描画ツール>の<書式>タブで<図形の枠線>の右側をクリックして、

3 <太さ>をクリックし、

4 目的の線幅をクリックします。

5 枠線の太さが変わります。

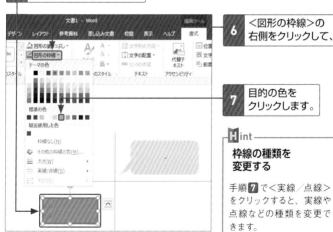

6 <図形の枠線>の右側をクリックして、

7 目的の色をクリックします。

Hint

枠線の種類を変更する

手順 **7** で<実線/点線>をクリックすると、実線や点線などの種類を変更できます。

8 枠線の色が変更されます。

図形を移動する／コピーする／整列する

作成した図形はドラッグで移動することができます。また、図形と同じものを追加したい場合は、図形をコピーします。複数の図形を作成した場合、Wordでは図形を整列させることができます。

1 図形を移動する

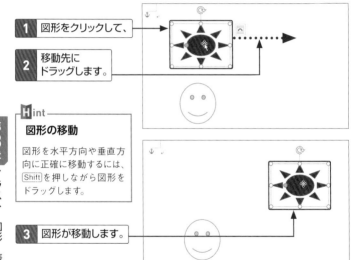

1 図形をクリックして、

2 移動先にドラッグします。

Hint

図形の移動

図形を水平方向や垂直方向に正確に移動するには、Shiftを押しながら図形をドラッグします。

3 図形が移動します。

2 図形をコピーする

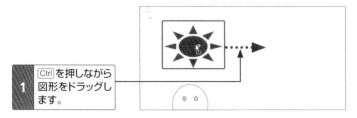

1 Ctrlを押しながら図形をドラッグします。

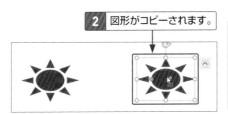

2 図形がコピーされます。

Hint

図形のコピー

図形を水平方向や垂直方向にコピーするには、Shift + Ctrl を押しながらドラッグします。

3 図形を整列する

1 Shift を押しながら図形をクリックして、複数の図形を選択します。

2 <描画ツール>の<書式>タブで<オブジェクトの配置>をクリックし、

3 <左右に整列>をクリックすると、

Memo参照。

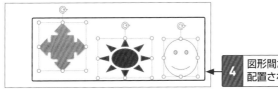

4 図形間が均等に配置されます。

Memo

図形の整列と配置基準

<オブジェクトの配置>を利用すると、複数の図形を揃えることができます。初期設定では選択した図形のみで揃えますが、<用紙に合わせて配置>または<余白に合わせて配置>を選んで、上下左右に図形を揃えることもできます。ただし、文書の中にほかの図形や文章があるときれいに整列できない場合があります。

表を作成する

表のデータ数がわかっているときには、行と列の数を指定して、表の枠組みを作成してからデータを入力します。また、ドラッグして罫線を1本ずつ引いて作成することもできます。

表の構成要素　表は、最初に枠組みを作成してからデータを入力します。行や列、セルを操作しながら表を完成します。

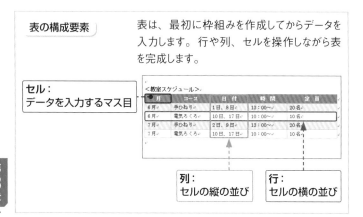

セル：
データを入力するマス目

列：
セルの縦の並び

行：
セルの横の並び

第3章 イラスト・図形・表などの設定

1 行と列の数を指定して表を作成する

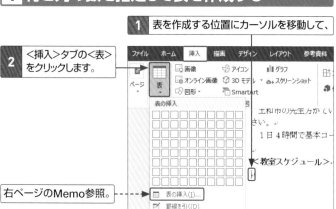

1 表を作成する位置にカーソルを移動して、

2 <挿入>タブの<表>をクリックします。

右ページのMemo参照。

106

3 マウスポインターを動かして、列数と行数を指定し、クリックします。

Memo
そのほかの作成方法

手順 **2** の画面で<表の挿入>をクリックして、表示される<表の挿入>画面に列数と行数を指定することでも、表を作成できます。

4 指定した行列数で表が作成されます。

5 セル内にカーソルが表示されるので文字を入力して、

6 Tab を押します。

7 右のセルにカーソルが移動します。

<教室スケジュール>

月				

8 表のデータをすべて入力します。

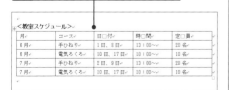

Hint
セル間の移動方法

セル間は、Tab で右のセルへ、Shift + Tab で左のセルへ移動します。目的のセル内をクリックして入力することもできます。

第3章 イラスト・図形・表などの設定

107

2 レイアウトを考えながら表を作成する

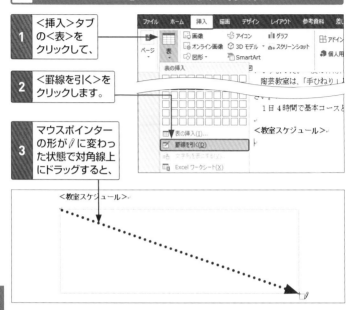

1 <挿入>タブの<表>をクリックして、

2 <罫線を引く>をクリックします。

3 マウスポインターの形が✏に変わった状態で対角線上にドラッグすると、

<教室スケジュール>

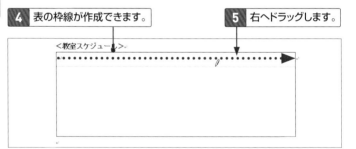

4 表の枠線が作成できます。

5 右へドラッグします。

<教室スケジュール>

Memo

<罫線を引く>を解除する

Esc を押すか、<レイアウト>タブの<罫線を引く>を再度クリックすると、操作が解除されます。

StepUp

斜線を引く

セル内を対象線上に斜めにドラッグすると、斜線を引くことができます。

6 横の罫線が引かれます。

7 同様に縦横の罫線を引いて、表を作成します。

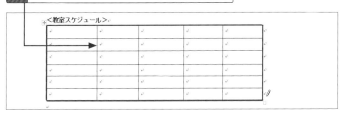

3 罫線を削除する

1 表を選択して、<表ツール>の<レイアウト>タブをクリックし、

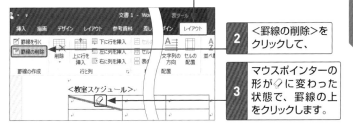

2 <罫線の削除>をクリックして、

3 マウスポインターの形が🖉に変わった状態で、罫線の上をクリックします。

4 罫線が削除されます。

Hint

一時的に削除操作にする

マウスポインターが🖉のときに Shift を押すと、一時的に🖉に変わり、罫線を削除できます。

5 再度<罫線の削除>をクリックして、削除操作を解除します。

テキストボックスで文字を配置する

文書内の自由な位置に文字を配置したいときは、テキストボックスを利用します。テキストボックスは、図などと同様にオブジェクトとして扱い、書式やデザインを設定することができます。

1 テキストボックスを挿入して文章を入力する

> **1** <挿入>タブの<テキストボックス>をクリックして、

> **2** <縦書きテキストボックスの描画>をクリックします。

> **3** マウスポインターの形が+に変わるので、対角線上にドラッグします。

Keyword

テキストボックス

「テキストボックス」は、本文とは別に、自由な位置に文字を入力できる領域です。

Hint

横書きを挿入する

手順**2**で<横書きテキストボックスの描画>を選択すると、横書きのテキストボックスを挿入できます。また、テキストボックスを選択して<図形の書式>タブの<テキスト>グループにある<文字の方向>をクリックすると、入力済みの文字の向きを変更できます。

4 縦書きのテキストボックスが挿入されるので、

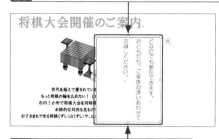

StepUp

**文章からテキスト
ボックスを作成する**

文書中の文字列を選択し
てから同様の操作をして
も、テキストボックスを作
成できます。

5 文章を入力して、書式を設定します。

2 テキストボックスの周囲の文字列を折り返す

1 <レイアウトオプション>をクリックして、

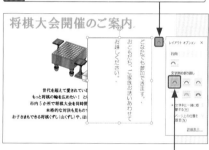

Memo

文字列の折り返し

テキストボックスは本文の
<前面>に配置されるの
で、本文が見えるように
配置を変更します。文字
列の折り返しについては、
第3章Sec.24を参照してく
ださい。

2 <四角形>をクリックすると、

3 テキストボックスの周りに
文字列が配置されます。

3 テキストボックスのサイズを調整する

Hint

テキストボックスを回転する

テキストボックスをクリックし、上部の回転ハンドル ⟳ をドラッグします（P.99のStepUp参照）。

> **1** ハンドルにマウスポインターを合わせ、⟺ に変わることを確認します。

> **2** ドラッグして調整します。

Hint

テキストボックスを移動する

テキストボックスをクリックして、枠線上にマウスポインターを合わせ、✛ の形に変わったら、移動先へドラッグします。

> **1** マウスポインターの形が ✛ に変わります。

> **2** ドラッグして移動します。

第4章

Excel 2019の表作成

Excelとは？

Excelは、四則演算や関数計算、グラフ作成、データベースとしての活用など、さまざまな機能を持つ表計算ソフトです。表などに書式を設定して、見栄えのする文書を作成することもできます。

1 表計算ソフトとは？

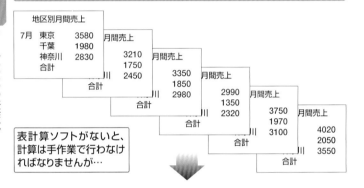

```
地区別月間売上

7月  東京    3580     月間売上
    千葉    1980
    神奈川  2830         3210    月間売上
    合計             1750
              合計    2450        3350    月間売上
                            1850
                       合計   2980        2990    月間売上
                                      1350
                                 合計   2320        3750    月間売上
                                                1970
                                           合計   3100        4020
                                                            2050
                                                       合計   3550
                                                              合計
```

表計算ソフトがないと、計算は手作業で行わなければなりませんが…

表計算ソフトを使うと、膨大な量のデータをかんたんに集計できます。データをあとから変更しても、自動的に再計算されます。

	A	B	C	D	E
1	下半期地区別月間売上				
2		東京	千葉	神奈川	合計
3	7月	3,580	1,980	2,830	8,390
4	8月	3,210	1,750	2,450	7,410
5	9月	3,350	1,850	2,980	8,180
6	10月	2,990	1,350	2,320	6,660
7	11月	3,750	1,970	3,100	8,820
8	12月	4,020	2,050	3,550	9,620
9	合計	20,900	10,950	17,230	49,080
10	月平均	3,483	1,825	2,872	8,180
11	売上目標	20,000	10,000	18,000	48,000
12	差額	900	950	-770	1,080
13	達成率	104.50%	109.50%	95.72%	102.25%
14					

Keyword

表計算ソフト

表計算ソフトは、表のもとになるマス目（セル）に数値や数式を入力して、データの集計や分析をしたり、表形式の書類を作成したりするためのアプリです。

2 Excelではこんなことができる！

ワークシートにデータを入力して、Excelの機能を利用すると…

> このような報告書もかんたんに作ることができます。

> 面倒な計算がかんたんにできます。

Memo

数式や関数の利用

数式や関数を使うと、複雑で面倒な計算や各種の作業をかんたんに行うことができます。

Memo

グラフの作成

表のデータをもとに、さまざまなグラフを作成することができます。もとになったデータが変更されると、グラフの内容も自動的に変更されます。

> 表の数値をもとにグラフを作成して、データを視覚化できます。

大量のデータを効率よく管理できます。

	A	B	C	D	E	F	G
1	名前	所属部署	入社日	形態	郵便番号	都道府県	市区町村
2	松木 結変	営業部	2018/4/5	社員	274-0825	千葉県	船橋市中野木本町x-x
3	神木 栄子	営業部	2016/12/1	社員	101-0051	東京都	千代田区神田神保町x
4	河原田 安芸	営業部	2014/4/2	社員	247-0072	神奈川県	鎌倉市岡本x-x
5	渡部 了輔	経理部	2013/4/1	社員	273-0132	千葉県	鎌ヶ谷市南初富x-x
6	志田 高志	商品企画部	2012/4/1	社員	259-1217	神奈川県	平塚市飯村x-x
7	宝田 卓也	商品部	2011/5/5	社員	160-0008	東京都	新宿区三栄町x-x
8	宇多 純一	商品部	2010/4/2	社員	134-0088	東京都	江戸川区西葛西x-x
9	飛田 秋生	総務部	2010/4/2	社員	156-0045	東京都	世田谷区桜上水xx
10	仲井 圭	商品部	2008/12/1	社員	167-0053	東京都	杉並区西荻窪x-x
11	秋月 寛人	商品企画部	2007/9/9	社員	130-0026	東京都	墨田区両国x-x
12	佐藤 暖奶	経理部	2006/4/2	社員	274-0825	千葉県	船橋市前原東x-x
13	富田 栃希	商品部	2006/4/2	社員	166-0013	東京都	杉並区堀の内x-x
14	近松 新一	人事部	2005/5/10	社員	162-0811	東京都	新宿区水道町x-x
15	佐久間 豪	総務部	2005/4/2	社員	180-0000	東京都	武蔵野市吉祥寺西町x
16	半澤 聖人	営業部	2003/4/2	社員	252-0318	神奈川県	相模原市南鵜野森x-x
17	堀田 真琴	営業部	2003/4/2	社員	224-0025	神奈川県	横浜市都筑区xx

Memo

データベースとしての活用

表の中から条件に合うものを抽出したり、並べ替えたり、項目別にデータを集計したりするためのデータベース機能が利用できます。

Excelの画面構成とブックの構成

Excel 2019の画面は、機能を実行するためのタブと、各タブにあるコマンド、表やグラフなどを作成するためのワークシートから構成されています。ここでしっかり確認しておきましょう。

1 基本的な画面構成

リボン
コマンドを一連のタブに整理して表示します。

クイックアクセスツールバー
よく利用するコマンドが表示されています。

タブ
初期状態では10個（あるいは9個）のタブが表示されています。

列番号
列の位置を示すアルファベットを表示しています。

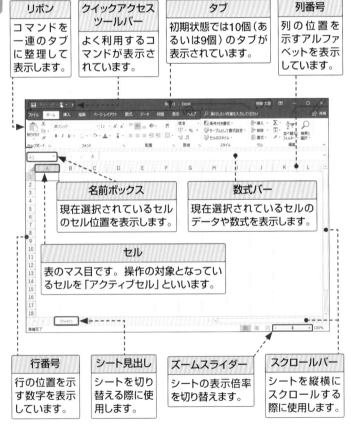

名前ボックス
現在選択されているセルのセル位置を表示します。

数式バー
現在選択されているセルのデータや数式を表示します。

セル
表のマス目です。操作の対象となっているセルを「アクティブセル」といいます。

行番号
行の位置を示す数字を表示しています。

シート見出し
シートを切り替える際に使用します。

ズームスライダー
シートの表示倍率を切り替えます。

スクロールバー
シートを縦横にスクロールする際に使用します。

2 ブック・ワークシート・セル

「ブック」（＝ファイル）は、1つまたは複数の
「ワークシート」から構成されています。

ブック

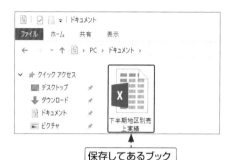

保存してあるブック

Keyword

ブック

「ブック」とは、Excelで
作成したファイルのことで
す。ブックは、1つあるい
は複数のワークシートから
構成されます。

Keyword

セル

「セル」とは、ワークシー
トを構成する一つ一つの
マス目のことです。ワーク
シートは、複数のセルか
ら構成されています。

ワークシート

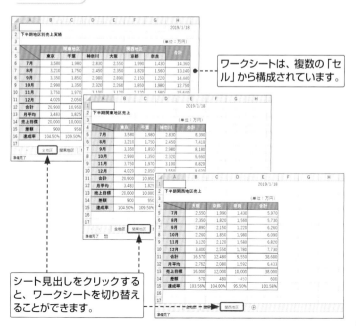

ワークシートは、複数の「セ
ル」から構成されています。

シート見出しをクリックする
と、ワークシートを切り替え
ることができます。

データ入力の基本を知る

セルにデータを入力するには、セルをクリックして選択状態にします。データを入力すると、**通貨スタイルや日付スタイル**など、適切な表示形式が自動的に設定されます。

1 数値を入力する

1 セルを
クリックすると、

2 セルが選択され、
アクティブセルになります。

Keyword

アクティブセル

セルをクリックすると、そのセルが選択され、グリーンの枠で囲まれます。これが、現在操作の対象となっているセルで「アクティブセル」といいます。

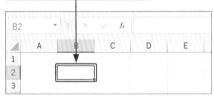

3 データを入力して、

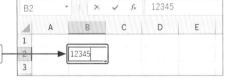

4 [Enter]を押すと、
入力したデータが
確定し、

5 アクティブセルが
下に移動します。

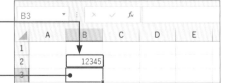

118

2 「,」や「¥」、「%」付きの数値を入力する

「,」（カンマ）付きで数値を入力する

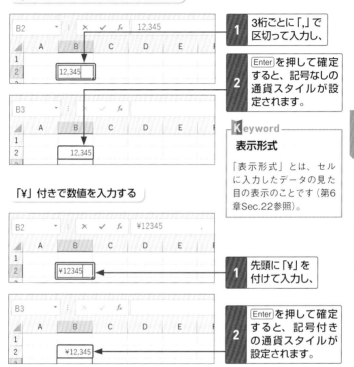

1 3桁ごとに「,」で区切って入力し、

2 Enterを押して確定すると、記号なしの通貨スタイルが設定されます。

Keyword

表示形式

「表示形式」とは、セルに入力したデータの見た目の表示のことです（第6章Sec.22参照）。

「¥」付きで数値を入力する

1 先頭に「¥」を付けて入力し、

2 Enterを押して確定すると、記号付きの通貨スタイルが設定されます。

「%」付きで数値を入力する

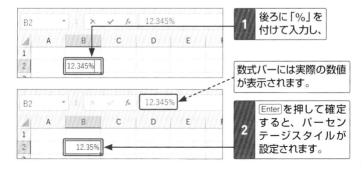

1 後ろに「%」を付けて入力し、

数式バーには実際の数値が表示されます。

2 Enterを押して確定すると、パーセンテージスタイルが設定されます。

3 日付と時刻を入力する

西暦の日付を入力する

1	数値を「/」(スラッシュ)、もしくは「-」(ハイフン)で区切って入力し、

2	Enter を押して確定すると、西暦の日付スタイルが設定されます。

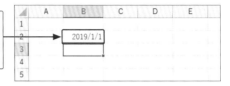

時刻を入力する

1	「時、分、秒」を表す数値を「:」(コロン)で区切って入力し、

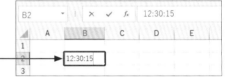

2	Enter を押して確定すると、ユーザー定義スタイルの時刻表示が設定されます。

Memo

「####」が表示される場合は?

ユーザーがまだ列幅を変更していない場合、入力したデータに合わせて列幅が自動調整されます。変更した列幅が狭くてデータを表示しきれない場合は「#」が表示されるので、列幅を広げましょう(第7章Sec.24参照)。

4 文字を入力する

1 [半角／全角] を押して、入力モードを<ひらがな> に切り替えます（下のMemo参照）。

2 文字の読みを 入力して、

3 [Space] を押すと、

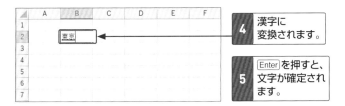

4 漢字に 変換されます。

5 [Enter] を押すと、 文字が確定され ます。

Memo

入力モードの切り替え

Excelを起動した直後は、入力モードが<半角英数>になっています。日本語を入力するには、[半角／全角] を押して、入力モードを<ひらがな>に切り替えてから入力します。なお、Windows 10では入力モードの切り替え時、画面中央に「あ」や「A」が表示されます。

半角英数入力モード　　　　ひらがな入力モード

同じデータや連続する データを入力する

オートフィル機能を利用すると、同じデータや連続するデータをドラッグ操作ですばやく入力することができます。間隔を指定して日付データを入力することもできます。

1 同じデータをすばやく入力する

1 データを入力したセルをクリックします。

2 フィルハンドルにマウスポインターを合わせて、

マウスポインターの形が＋に変わります。

Keyword

フィルハンドル

アクティブセルの右下に表示される緑色の四角形をフィルハンドルといいます。

3 下方向へドラッグし、

Keyword

オートフィル

「オートフィル」とは、セルのデータをもとにして、連続データや同じデータをドラッグ操作で自動的に入力する機能のことです。

4 マウスのボタンを離すと、同じデータが入力されます。

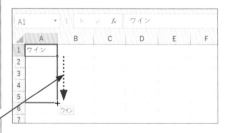

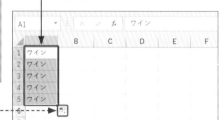

オートフィルオプション（P.124参照）。

2 連続するデータをすばやく入力する

曜日を入力する

1 「月曜日」と入力されたセルをクリックして、フィルハンドルをドラッグすると、

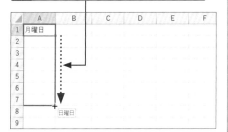

2 曜日の連続データが入力されます。

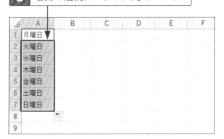

Hint

こんな場合も連続データになる

下図のようなデータも連続データとみなされます。

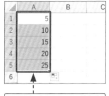

間隔を空けた2つ以上の数字

数字と数字以外の文字を含むデータ

連続する数値を入力する

1 連続する数値が入力されたセルを選択し、

2 フィルハンドルをドラッグすると、

3 数値の連続データが入力されます。

3 間隔を指定して日付データを入力する

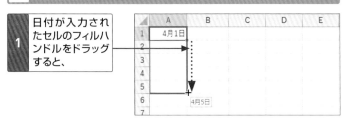

1 日付が入力されたセルのフィルハンドルをドラッグすると、

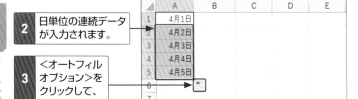

2 日単位の連続データが入力されます。

3 ＜オートフィルオプション＞をクリックして、

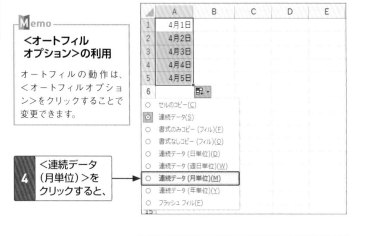

Memo

＜オートフィルオプション＞の利用

オートフィルの動作は、＜オートフィルオプション＞をクリックすることで変更できます。

- ○ セルのコピー(C)
- ◉ 連続データ(S)
- ○ 書式のみコピー (フィル)(F)
- ○ 書式なしコピー (フィル)(O)
- ○ 連続データ (日単位)(D)
- ○ 連続データ (週日単位)(W)
- ○ 連続データ (月単位)(M)
- ○ 連続データ (年単位)(Y)
- ○ フラッシュ フィル(F)

4 ＜連続データ (月単位)＞をクリックすると、

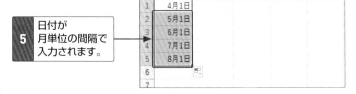

5 日付が月単位の間隔で入力されます。

4 ダブルクリックで連続するデータを入力する

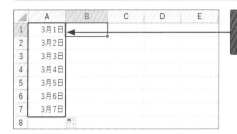

1 隣りの列にあらかじめデータを入力しておきます。

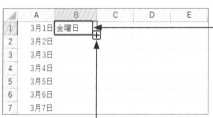

2 「金曜日」と入力したセルをクリックして、

3 フィルハンドルにマウスポインターを合わせてダブルクリックすると、

Memo

ダブルクリックで入力できるデータ

ダブルクリックで連続データを入力するには、隣接する列にデータが入力されている必要があります。入力できるのは下方向に限られます。

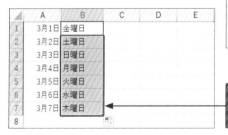

4 隣接する列と同じ数の連続データが入力されます。

Hint

連続データとして扱われるデータ

連続データとして入力されるデータのリストは、<ユーザー設定リスト>ダイアログボックスで確認することができます。<ユーザー設定リスト>ダイアログボックスは、<ファイル>タブ→<オプション>→<詳細設定>の順にクリックし、右側ペインの下のほうにある<全般>グループの<ユーザー設定リストの編集>をクリックすると表示されます。

データを修正する／削除する

セルに入力したデータを修正するには、セルのデータをすべて書き換える方法と、データの一部を修正する方法があります。また、セル内のデータだけを消したい場合は、データを削除します。

第4章　Excel 2019の表作成

1 セル内のデータ全体を書き換える

「関東」を「東京」に修正します。

1 修正するセルをクリックして、

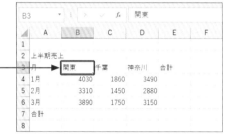

2 データを入力すると、もとのデータが書き換えられます。

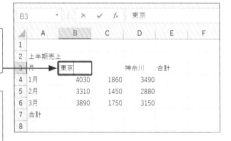

Hint
修正をキャンセルするには?

入力を確定する前に修正を取り消したい場合は、Escを数回押します。入力を確定した直後の取り消し方法については、P.26を参照してください。

3 Enterを押すと、セルの修正が確定します。

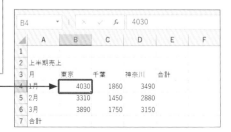

2 セル内のデータの一部を修正する

文字を挿入する

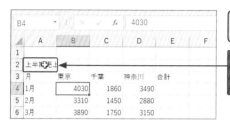

「上半期」の後ろに「地区別」を入力します。

1 修正したいデータがあるセルをダブルクリックすると、

2 セル内にカーソルが表示されます。

3 修正したい文字の後ろにカーソルを移動して、

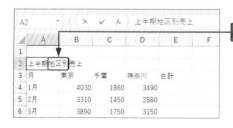

4 データを入力し、

5 Enterを押すと、カーソルの位置にデータが挿入されます。

Memo

データの一部を削除する

セル内にカーソルが表示されている状態で、Delete やBackSpaceを押すと、カーソルの前後の文字を削除できます。

127

文字を上書きする

「上半期」を「第1四半期」に修正します。

1 セル内にカーソルを表示します（P.127参照）。

2 データの一部をドラッグして選択し、

3 データを入力すると、選択した部分が書き換えられます。

4 Enter を押すと、セルの修正が確定します。

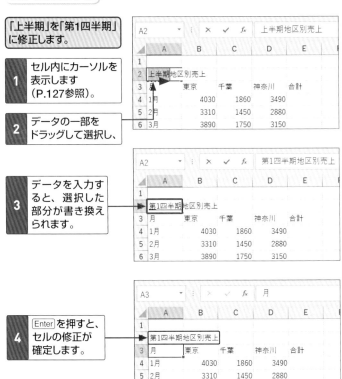

数式バーを利用して修正する

セル内のデータの修正は、数式バーでも行うことができます。目的のセルをクリックして数式バーをクリックすると、数式バー内にカーソルが表示され、データが修正できるようになります。

1 修正するセルをクリックして、

2 数式バーをクリックすると、カーソルが表示され、修正できる状態になります。

3 セルのデータを削除する

1 データを削除するセルをクリックして、

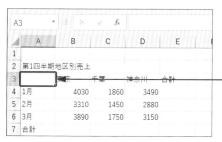

Hint

複数のセルの
データを削除する

データを削除するセル
範囲をドラッグして選択
し（第4章Sec.06参照）、
Deleteを押すと、選択し
た複数のセルのデータが
削除されます。

2 Deleteを押すと、

A3	▼	:	×	✓	fx	
	A	B	C	D	E	
1						
2	第1四半期地区別売上					
3			千葉	神奈川	合計	
4	1月	4030	1860	3490		
5	2月	3310	1450	2880		
6	3月	3890	1750	3150		
7	合計					

3 セルのデータが
削除されます。

StepUp

書式も含めて削除する

上記の手順では、セルのデータは削除
されますが、罫線や背景色などの書式は
削除されません。書式も含めて削除する
場合は、セル範囲を選択して右の操作を
行います。

1 <ホーム>タブの
<クリア>をクリックして、

2 <すべてクリア>を
クリックします。

セル範囲を選択する

データのコピーや移動、書式設定などを行う際には、操作の対象となるセルやセル範囲を選択します。複数のセルや行・列などを同時に選択しておけば、まとめて設定できるので効率的です。

1 複数のセル範囲を選択する

マウス操作だけで選択する

Hint

**範囲を選択する際の
マウスポインターの形**

ドラッグ操作でセル範囲を選択するときは、マウスポインターの形が⊕の状態で行います。これ以外の状態では、セル範囲を選択することができません。

1 選択範囲の始点となるセルにマウスポインターを合わせます。

	A	B	C	D	E
1	第1四半期地区別売上				
2	⊕	東京	千葉	神奈川	合計
3	1月	4030	1860	3490	
4	2月	3310	1450	2880	
5	3月	3890	1750	3150	
6	合計				
7					
8					

2 そのまま、終点となるセルまでドラッグし、

	A	B	C	D	E
1	第1四半期地区別売上				
2		東京	千葉	神奈川	合計
3	1月	4030	1860	3490	
4	2月	3310	1450	2880	
5	3月	3890	1750	3⊕	
6	合計				
7					

Memo

**一部のセルの選択を
解除するには?**

セルを複数選択したあとで特定のセルだけ選択を解除するには、Ctrlを押しながらセルをクリックあるいはドラッグします。

3 マウスのボタンを離すと、セル範囲が選択されます。

マウスとキーボードでセル範囲を選択する

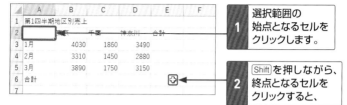

1 選択範囲の始点となるセルをクリックします。

2 Shift を押しながら、終点となるセルをクリックすると、

3 セル範囲が選択されます。

マウスとキーボードで選択範囲を広げる

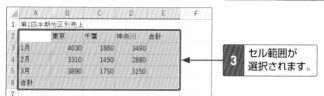

1 選択範囲の始点となるセルをクリックします。

2 Shift を押しながら → を押すと、右のセルが選択範囲に追加されます。

3 Shift を押しながら ↓ を押すと、下のセルが選択範囲に追加されます。

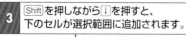

Hint

選択を解除するには?

セル範囲の選択を解除するには、ワークシート内のいずれかのセルをクリックします。

2 離れた位置にあるセルを選択する

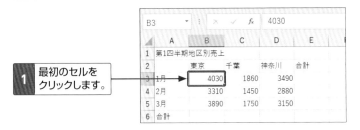

| 1 | 最初のセルを
クリックします。 |

| 2 | Ctrl を押しながら別
のセルをクリックす
ると、セルが追加
選択されます。 |

3 アクティブセル領域を選択する

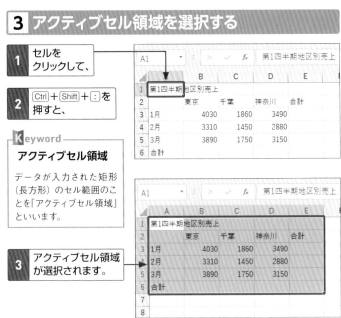

| 1 | セルを
クリックして、 |

| 2 | Ctrl + Shift + : を
押すと、 |

Keyword

アクティブセル領域

データが入力された矩形
（長方形）のセル範囲のこ
とを「アクティブセル領域」
といいます。

| 3 | アクティブセル領域
が選択されます。 |

4 行や列をまとめて選択する

1 行番号の上に
マウスポインターを
合わせて、

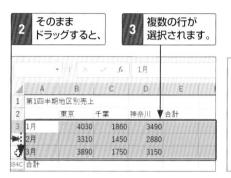

2 そのまま
ドラッグすると、

3 複数の行が
選択されます。

StepUp

ワークシート全体の選択

ワークシート左上の、行番号と列番号が交差している部分 ◢ をクリックすると、ワークシート全体を選択することができます。

5 離れた位置にある行や列を選択する

1 行番号をクリック
すると、行全体が
選択されます。

2 Ctrl を押しながら
行番号を
クリックすると、

3 離れた位置にある
行が追加選択
されます。

データをコピーする

入力済みのデータと同じデータを入力する場合は、データをコピーして貼り付けると入力の手間が省けます。ここでは、コマンドを使う方法とドラッグ操作を使う方法を紹介します。

1 データをコピーして貼り付ける

1 コピーするセルをクリックして、

2 <ホーム>タブをクリックし、

3 <コピー>をクリックします。

Memo

データの貼り付け

コピーもとのセル範囲が破線で囲まれている間は、コピーもとのデータを何度でも貼り付けることができます。

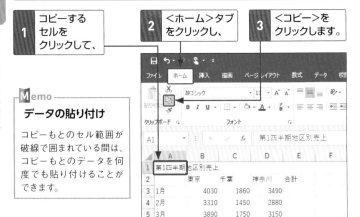

4 貼り付け先のセルをクリックして、

5 <ホーム>タブの<貼り付け>のここをクリックすると、

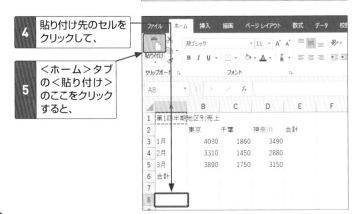

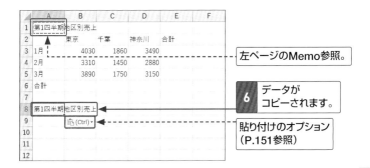

	A	B	C	D	E	F
1	第1四半期地区別売上					
2		東京	千葉	神奈川	合計	
3	1月	4030	1860	3490		
4	2月	3310	1450	2880		
5	3月	3890	1750	3150		
6	合計					
7						
8	第1四半期地区別売上					
9		(Ctrl) ▾				
10						
11						
12						

左ページのMemo参照。

6 データが
コピーされます。

貼り付けのオプション
（P.151参照）

2 ドラッグ操作でデータをコピーする

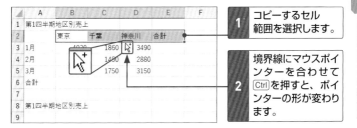

1 コピーするセル
範囲を選択します。

2 境界線にマウスポインターを合わせてCtrlを押すと、ポインターの形が変わります。

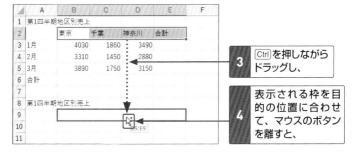

3 Ctrlを押しながら
ドラッグし、

4 表示される枠を目的の位置に合わせて、マウスのボタンを離すと、

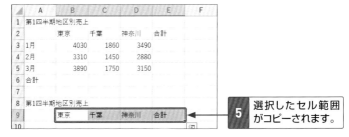

5 選択したセル範囲
がコピーされます。

データを移動する

入力済みのデータを移動するには、セル範囲を切り取って、目的の位置に貼り付けます。方法はいくつかありますが、ここでは、コマンドを使う方法とドラッグ操作を使う方法を紹介します。

第4章　Excel 2019の表作成

1 データを切り取って貼り付ける

1	移動するセル範囲を選択して、
2	<ホーム>タブをクリックし、
3	<切り取り>をクリックします。

Hint

移動をキャンセルするには?

移動するセル範囲に破線が表示されている間は、Escを押すと、移動をキャンセルできます。

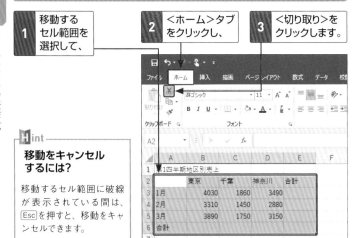

| 4 | 移動先のセルをクリックして、 |
| 5 | <ホーム>タブの<貼り付け>のここをクリックすると、 |

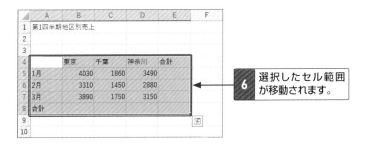

6 選択したセル範囲が移動されます。

2 ドラッグ操作でデータを移動する

1 移動するセルをクリックして、

2 境界線にマウスポインターを合わせると、ポインターの形が変わります。

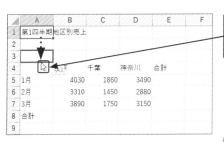

3 移動先へドラッグしてマウスのボタンを離すと、

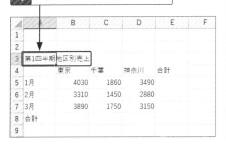

4 選択したセルが移動されます。

Memo

ドラッグ操作でコピー／移動する際の注意点

ドラッグ操作でデータをコピー／移動すると、クリップボードにデータが保管されないため、データは一度しか貼り付けられません。クリップボードとはWindowsの機能の1つで、データが一時的に保管される場所のことです。

文字やセルに色を付ける

文字やセルの背景に色を付けると、見やすい表に仕上がります。文字に色を付けるには、<ホーム>タブの<フォントの色>を、セルに背景色を付けるには、<塗りつぶしの色>を利用します。

1 文字に色を付ける

1 文字色を付けるセルをクリックします。

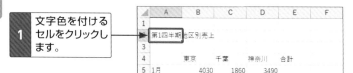

2 <ホーム>タブをクリックして、

3 <フォントの色>のここをクリックし、

Hint

一覧に目的の色がない場合は?

手順**3**で表示される一覧に目的の色がない場合は、<その他の色>をクリックして、色を選択します。

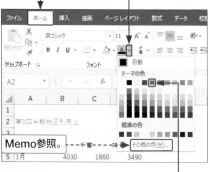

Memo参照。

4 目的の色にマウスポインターを合わせると、色が一時的に適用されて表示されます。

5 手順**4**で文字色をクリックすると、文字の色が変更されます。

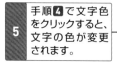

2 セルに色を付ける

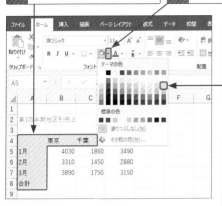

1 色を付けるセル範囲を選択します（第4章Sec.06参照）。

2 <ホーム>タブの<塗りつぶしの色>のここをクリックして、

3 目的の色にマウスポインターを合わせると、色が一時的に適用されて表示されます。

Hint

背景色を消すには？

セルの背景色を消すには、目的の範囲を選択して、手順**3**で<塗りつぶしなし>をクリックします。

4 手順**3**で色をクリックすると、セルの背景に色が付きます。

StepUp

<セルのスタイル>を利用する

<ホーム>タブの<セルのスタイル>を利用すると、Excelにあらかじめ用意された書式をタイトルに設定したり、セルにテーマのセルスタイルを設定したりすることができます。

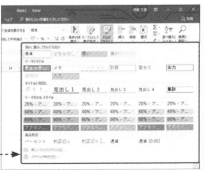

ここでスタイルを設定できます。

第4章 Excel 2019の表作成

罫線を引く

ワークシートに目的のデータを入力したら、表が見やすいように罫線を引きます。罫線を引くには、＜ホーム＞タブの＜罫線＞を利用します。罫線のスタイルは任意に設定できます。

1 選択した範囲に罫線を引く

| 1 | 目的のセル範囲を選択して、 | 2 | ＜ホーム＞タブをクリックします。 | 3 | ここをクリックして、 |

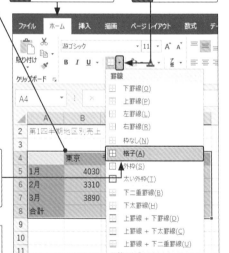

| 4 | 罫線メニューで罫線の種類をクリックすると(ここでは＜格子＞)、 |

Hint

罫線を削除するには?

罫線を削除するには、目的のセル範囲を選択して、罫線メニューを表示し、手順**4**で＜枠なし＞をクリックします。

| 5 | 選択したセル範囲に罫線が引かれます。 |

	A	B	C	D	E
2	第1四半期地区別売上				
3					
4		東京	千葉	神奈川	合計
5	1月	4030	1860	3490	
6	2月	3310	1450	2880	
7	3月	3890	1750	3150	
8	合計				
9					

2 太線で罫線を引く

1 罫線を引くセル範囲を選択して、<ホーム>タブをクリックします。

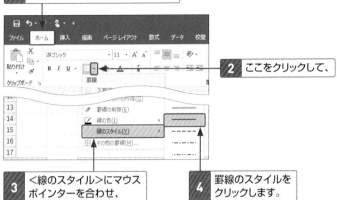

2 ここをクリックして、

3 <線のスタイル>にマウスポインターを合わせ、

4 罫線のスタイルをクリックします。

5 ここをクリックして、

6 罫線の種類をクリックすると、

Memo

線のスタイル

線のスタイルや色を指定して罫線を引くと、これ以降、選択した線のスタイルや色で罫線が引かれるので注意が必要です。

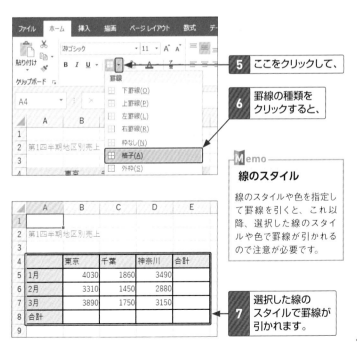

	A	B	C	D	E
1					
2	第1四半期地区別売上				
3					
4		東京	千葉	神奈川	合計
5	1月	4030	1860	3490	
6	2月	3310	1450	2880	
7	3月	3890	1750	3150	
8	合計				
9					

7 選択した線のスタイルで罫線が引かれます。

罫線のスタイルを変更する

罫線は、<セルの書式設定>ダイアログボックスを利用して引くこともできます。このダイアログボックスを利用すると、線のスタイルや色などをまとめて設定することができます。

1 罫線のスタイルと色を変更する

第4章Sec.10で引いた罫線の内側を点線にして色を変更します。

1 セル範囲を選択します。

2 <ホーム>タブをクリックして、

3 ここをクリックし、

4 <その他の罫線>をクリックします。

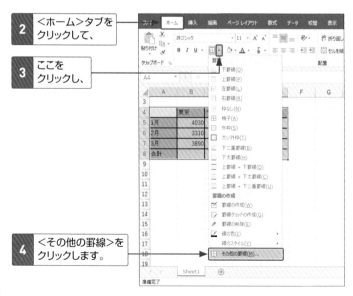

142

5 <スタイル>で罫線のスタイルを
クリックして、

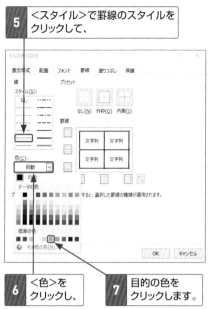

6 <色>を
クリックし、

7 目的の色を
クリックします。

Hint

**<罫線>で罫線を
削除するには?**

<セルの書式設定>ダイ
アログボックスで罫線を
削除するには、<罫線>
欄で削除したい箇所をク
リックします。すべての罫
線を削除するには、<プ
リセット>欄の<なし>を
クリックします。

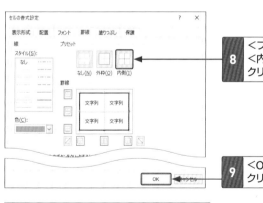

8 <プリセット>の
<内側>を
クリックして、

9 <OK>を
クリックすると、

	A	B	C	D	E	F
2	第1四半期地区別売上					
3						
4		東京	千葉	神奈川	合計	
5	1月	4030	1860	3490		
6	2月	3310	1450	2880		
7	3月	3890	1750	3150		
8	合計					
9						

10 内側の罫線の
スタイルと色が
変更されます。

2 セルに斜線を引く

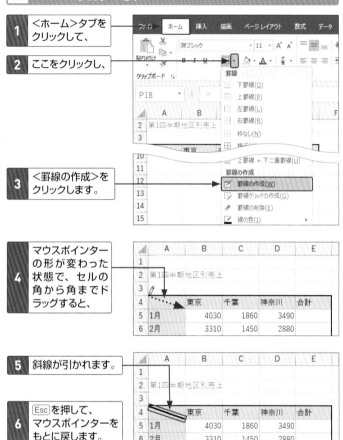

1 <ホーム>タブをクリックして、

2 ここをクリックし、

3 <罫線の作成>をクリックします。

4 マウスポインターの形が変わった状態で、セルの角から角までドラッグすると、

5 斜線が引かれます。

6 Escを押して、マウスポインターをもとに戻します。

Hint

罫線の一部を削除するには?

一部の罫線を削除するには、手順**3**で<罫線の削除>をクリックして、罫線を削除したいセル範囲をドラッグ、またはクリックします。

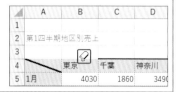

第5章

数式・関数の操作

数式を入力する

数値を計算するには、結果を表示するセルに数式を入力します。数式は、セル内に数値や算術演算子を入力して計算するほかに、数値のかわりにセル参照を指定して計算することができます。

第5章　数式・関数の操作

■ **数式とは**　「数式」とは、さまざまな計算をするための計算式のことです。「=」(等号) と数値データ、算術演算子と呼ばれる記号 (*、/、+、−など) を入力して結果を求めます。数値を入力するかわりにセルの位置などを指定して計算することもできます。「=」や数値、算術演算子などは、すべて半角で入力します。

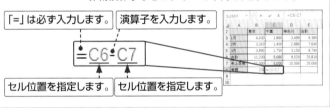

「=」は必ず入力します。　演算子を入力します。

$$=C6-C7$$

セル位置を指定します。　セル位置を指定します。

1 数式を入力して計算する

Memo

文字書式

この章で使用している表には、数値に桁区切りスタイルを設定しています。文字の表示形式については、第6章で解説します。

セル [B8] にセル [B6] の合計とセル [B7] の売上目標の差額を計算します。

1 差額を計算するセルをクリックして、半角で「=」を入力します。

2 続いて半角で「11230-11000」と入力して、

3 Enter を押すと、

▲	A	B	C	D	E	F
1	第1四半期地区別売上					
2		東京	千葉	神奈川	合計	
3	1月	4,030	1,860	3,490	9,380	
4	2月	3,310	1,450	2,880	7,640	
5	3月	3,890	1,750	3,150	8,790	
6	合計	11,230	5,060	9,520	25,810	
7	売上目標	11,000	5,000	10,000	26,000	
8	差額	=11230-11000				
9						
10						

Keyword

算術演算子

「算術演算子」(演算子)とは、数式の中の算術演算に用いられる記号のことで、以下のようなものがあります。

+ 足し算
- 引き算
* かけ算
/ 割り算
^ べき乗
% パーセンテージ

▲	A	B	C	D	E	F
1	第1四半期地区別売上					
2		東京	千葉	神奈川	合計	
3	1月	4,030	1,860	3,490	9,380	
4	2月	3,310	1,450	2,880	7,640	
5	3月	3,890	1,750	3,150	8,790	
6	合計	11,230	5,060	9,520	25,810	
7	売上目標	11,000	5,000	10,000	26,000	
8	差額	230				
9						
10						

4 計算結果が表示されます。

2 セル参照を利用して計算する

セル [C8] にセル [C6] の合計とセル [C7] の売上目標の差額を計算します。

1 差額を計算するセルに、半角で「=」を入力します。

▲	A	B	C	D	E	F
1	第1四半期地区別売上					
2		東京	千葉	神奈川	合計	
3	1月	4,030	1,860	3,490	9,380	
4	2月	3,310	1,450	2,880	7,640	
5	3月	3,890	1,750	3,150	8,790	
6	合計	11,230	5,060	9,520	25,810	
7	売上目標	11,000	5,000	10,000	26,000	
8	差額	230	=			
9						
10						

Keyword

セル参照

「セル参照」とは、数式の中で数値のかわりにセルの位置を指定することです。セル参照を利用すると、データを修正した場合、計算結果が自動的に更新されます。

	C8	▾	:	×	✓	fx	=C6-

▲	A	B	C	D	E	F
1	第1四半期地区別売上					
2		東京	千葉	神奈川	合計	
3	1月	4,030	1,860	3,490	9,380	
4	2月	3,310	1,450	2,880	7,640	
5	3月	3,890	1,750	3,150	8,790	
6	合計	11,230	5,060	9,520	25,810	
7	売上目標	11,000	5,000	10,000	26,000	
8	差額	230	=C6-			
9						

2 参照するセルをクリックすると、

3 クリックしたセルの位置 [C6] が入力されます。

4 「−」(マイナス)を入力して、

Memo

セルの位置

セルの位置は、列番号と行番号を組み合わせて表します。たとえば [C6] は、列「C」と行「6」の交差するセルを指します。

5 参照するセルをクリックすると、

	C7	▾	:	×	✓	fx	=C6-C7

▲	A	B	C	D	E	F
1	第1四半期地区別売上					
2		東京	千葉	神奈川	合計	
3	1月	4,030	1,860	3,490	9,380	
4	2月	3,310	1,450	2,880	7,640	
5	3月	3,890	1,750	3,150	8,790	
6	合計	11,230	5,060	9,520	25,810	
7	売上目標	11,000	5,000	10,000	26,000	
8	差額	230	=C6-C7			
9						

6 クリックしたセルの位置 [C7] が入力されます。

7 [Enter] を押すと、

Hint

数式の入力を取り消すには?

数式の入力を途中で取り消したい場合は、[Esc] を押します。

▲	A	B	C	D	E	F
1	第1四半期地区別売上					
2		東京	千葉	神奈川	合計	
3	1月	4,030	1,860	3,490	9,380	
4	2月	3,310	1,450	2,880	7,640	
5	3月	3,890	1,750	3,150	8,790	
6	合計	11,230	5,060	9,520	25,810	
7	売上目標	11,000	5,000	10,000	26,000	
8	差額	230	60			
9						

8 計算結果が表示されます。

3 ほかのセルに数式をコピーする

セル [C8] には、「=C6-C7」という数式が
入力されています（P.147、148参照）。

Memo ―――

数式をコピーする

数式をコピーするには、
数式が入力されているセ
ル範囲を選択し、フィル
ハンドル（セルの右下隅
にあるグリーンの四角形）
をコピー先のセルまでド
ラッグします。

1 数式が入力されて
いるセル [C8] を
クリックして、

2 フィルハンドルを
セル [E8] まで
ドラッグすると、

たとえばセル [E8] の数式は、セル [E6] とセ
ル [E7] の差額を計算する数式に変わります。

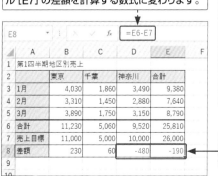

Memo ―――

**数式が入力されている
セルのコピー**

数式が入力されているセ
ルをコピーすると、参照先
のセルもそのセルと相対
的な位置関係が保たれる
ように、セル参照が自動
的に変化します。

3 数式が
コピーされます。

Section **13**

第5章 数式・関数の操作

値や数式のみを貼り付ける

データや表をコピーして、<貼り付け>のメニューを利用すると、計算結果の値だけを貼り付けたり、もとの列幅を保持して貼り付けるなどの操作がかんたんにできます。

1 値のみを貼り付ける

第5章 数式・関数の操作

1 コピーするセル範囲を選択して、

コピーするセルには、数式が入力されています。

E3		f_x	=SUM(B3:D3)		
	A	B	C	D	E
1	第1四半期地区別売上				
2		1月	2月	3月	合計
3	大阪	3,160	2,360	3,340	8,860
4	京都	2,150	1,780	2,480	6,410
5	奈良	2,120	1,610	2,050	5,780
6	合計	7,430	5,750	7,870	21,050
7					

2 <ホーム>タブをクリックし、

3 <コピー>をクリックします。

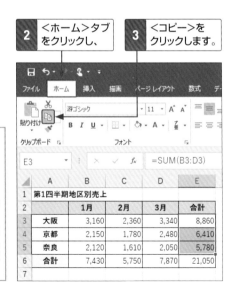

Memo

ほかのシートへの値の貼り付け

セル参照を利用している数式の結果を別のシートに貼り付けると、セル参照が貼り付け先のシートのセルに変更されて、正しい計算ができません。このような場合は、値だけを貼り付けます。

E3		f_x	=SUM(B3:D3)		
	A	B	C	D	E
1	第1四半期地区別売上				
2		1月	2月	3月	合計
3	大阪	3,160	2,360	3,340	8,860
4	京都	2,150	1,780	2,480	6,410
5	奈良	2,120	1,610	2,050	5,780
6	合計	7,430	5,750	7,870	21,050
7					

150

4 別シートの貼り付け先のセルをクリックします。

5 <ホーム>タブの<貼り付け>のここをクリックして、

6 表示されたメニューの<値>をクリックすると、

7 計算結果の値だけが貼り付けられます。

右のHint参照。

Hint

<貼り付けのオプション>の利用

貼り付けたあとに表示される<貼り付けのオプション> 🛅(Ctrl)・ をクリックすると、貼り付けたあとで結果を手直しするためのメニューが表示されます。メニューの内容については、P.153を参照してください。

2 もとの列幅を保ったまま貼り付ける

1 セル範囲を選択して、

2 <ホーム>タブをクリックし、

3 <コピー>をクリックします。

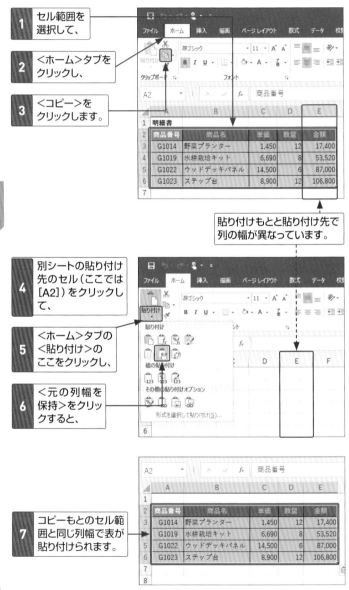

1	明細書				
2	商品番号	商品名	単価	数量	金額
3	G1014	野菜プランター	1,450	12	17,400
4	G1019	水耕栽培キット	6,690	8	53,520
5	G1022	ウッドデッキパネル	14,500	6	87,000
6	G1023	ステップ台	8,900	12	106,800
7					

貼り付けもとと貼り付け先で列の幅が異なっています。

4 別シートの貼り付け先のセル（ここでは[A2]）をクリックして、

5 <ホーム>タブの<貼り付け>のここをクリックし、

6 <元の列幅を保持>をクリックすると、

A2			fx	商品番号	
	A	B	C	D	E
1					
2	商品番号	商品名	単価	数量	金額
3	G1014	野菜プランター	1,450	12	17,400
4	G1019	水耕栽培キット	6,690	8	53,520
5	G1022	ウッドデッキパネル	14,500	6	87,000
6	G1023	ステップ台	8,900	12	106,800
7					
8					

7 コピーもとのセル範囲と同じ列幅で表が貼り付けられます。

<貼り付け>で利用できる機能

<貼り付け>の下半分をクリックして表示されるメニューや、データを貼り付けたあとに表示される<貼り付けのオプション> 🛅(Ctrl)・のメニューには、以下の機能が用意されています。

グループ	アイコン	項目	概要
貼り付け	📋	貼り付け	セルのデータすべてを貼り付けます。
	fx	数式	セルの数式だけを貼り付けます。
	%fx	数式と数値の書式	セルの数式と数値の書式を貼り付けます。
	📋	元の書式を保持	もとの書式を保持して貼り付けます。
	📋	罫線なし	罫線を除く、書式や値を貼り付けます。
	↔	元の列幅を保持	もとの列幅を保持して貼り付けます。
	📋	行列を入れ替える	行と列を入れ替えてすべてのデータを貼り付けます。
値の貼り付け	123	値	セルの値だけを貼り付けます。
	%123	値と数値の書式	セルの値と数値の書式を貼り付けます。
	123	値と元の書式	セルの値ともとの書式を貼り付けます。
その他の貼り付けオプション	%	書式設定	セルの書式のみを貼り付けます。
	🔗	リンク貼り付け	もとのデータを参照して貼り付けます。
	🖼	図	もとのデータを図として貼り付けます。
	🖼	リンクされた図	もとのデータをリンクされた図として貼り付けます。

第5章 数式・関数の操作

計算する範囲を変更する

数式内のセルの位置に対応するセル範囲は色付きの枠（カラーリファレンス）で囲まれて表示されます。この枠をドラッグすることで、計算する範囲を変更することができます。

1 参照先のセル範囲を変更する

第5章　数式・関数の操作

1 このセルをダブルクリックして、カラーリファレンスを表示します。

SUMIF	▼	:	×	✓	fx	=C5/C7	
▲	A	B	C	D	E	F
1	第1四半期地区別売上					
2		東京	千葉	神奈川	合計	
3	1月		1,860	3,490	5,890	
4	2月		1,450	2,880	7,640	
5	3月	3,890	1,750	3,150	8,790	
6	合計	11,230	5,060	9,520	22,320	
7	売上目標	11,000	5,000	10,000	26,000	
8	差額	230	60	-480	-3680	
9	達成率	1.020909	=C5/C7			
10						

2 参照先のセル範囲を示す枠にマウスポインターを合わせると、ポインターの形が変わるので、

Keyword

カラーリファレンス

「カラーリファレンス」とは、数式内のセルの位置とそれに対応するセル範囲に色を付けて、対応関係を示す機能のことです。

3 セル [C6] までカラーリファレンスの枠をドラッグします。

SUMIF	▼	:	×	✓	fx	=C6/C7	
▲	A	B	C	D	E	F
1	第1四半期地区別売上					
2		東京	千葉	神奈川	合計	
3	1月	4,030	1,860	3,490	5,890	
4	2月	3,310	1,450	2,880	7,640	
5	3月	3,890	1,750	3,150	8,790	
6	合計	11,230	5,060	9,520	22,320	
7	売上目標	11,000	5,000	10,000	26,000	
8	差額	230	60	-480	-3680	
9	達成率	1.020909	=C6/C7			
10						

枠を移動すると、数式のセルの位置も変更されます。

2 参照先のセル範囲を広げる

1 このセルをダブルクリックして、カラーリファレンスを表示します。

2 参照先のセル範囲を示す枠の右下隅のハンドルにマウスポインターを合わせると、ポインターの形が変わるので、

3 セル [D3] までドラッグします。

4 Enter を押すと、

5 参照するセル範囲が変更され、合計が再計算されます。

Memo

セル範囲の指定

連続するセル範囲を指定するときは、開始セルと終了セルを「:」(コロン)で区切ります。たとえば手順**5**の図では、セル [B3]、[C3]、[D3] の値の合計を求めているので、「B3:D3」と指定しています。

Memo

参照先はどの方向にも広げられる

カラーリファレンスに表示される四隅のハンドルをドラッグすることで、参照先をどの方向にも広げる(狭める)ことができます。

155

数式をコピーしたときのセルの参照先について～参照方式

セルの参照方式には、相対参照、絶対参照、複合参照があり、目的に応じて使い分けることができます。ここでは、3種類の参照方式の違いと、参照方式の切り替え方法を確認しておきましょう。

1 相対参照・絶対参照・複合参照の違い

第5章　数式・関数の操作

相対参照

Keyword

相対参照

「相対参照」とは、数式が入力されているセルを基点として、ほかのセルの位置を相対的な位置関係で指定する参照方式のことです。

> セル [D3] に数式「=B3/C3」が入力されています。

⬚	A	B	C	D	E
1	文具売上				
2	商品名	売上高	売上目標	達成率	
3	ノート	10050	6000	=B3/C3	
4	ボールペン	5078	4000	=B4/C4	
5	色鉛筆	9240	5000	=B5/C5	
6	消しゴム	4620	2500	=B6/C6	
7					

> 数式をコピーすると、参照先が自動的に変更されます。

絶対参照

Keyword

絶対参照

「絶対参照」とは、参照するセルの位置を固定する参照方式のことです。数式をコピーしても、参照するセルの位置は変更されません。

> セル [D3] に数式「B3/$B$7」が入力されています。

⬚	A	B	C	D
1	売上構成比			
2	商品名	売上高	構成比	
3	ノート	10050	=B3/$B$7	
4	ボールペン	5078	=B4/$B$7	
5	色鉛筆	9240	=B5/$B$7	
6	消しゴム	4620	=B6/$B$7	
7	合計	=SUM(B3:B6)		
8				

> 数式をコピーすると、「$」が付いた参照先は [B7] のまま固定されます。

複合参照

セル [C4] に数式「=$B4*C$1」が入力されています。

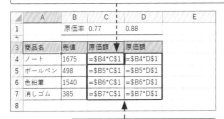

	A	B	C	D	E
1		原価率	0.77	0.88	
2					
3	商品名	売値	原価額	原価額	
4	ノート	1675	=$B4*C$1	=$B4*D$1	
5	ボールペン	498	=$B5*C$1	=$B5*D$1	
6	色鉛筆	1540	=$B6*C$1	=$B6*D$1	
7	消しゴム	385	=$B7*C$1	=$B7*D$1	
8					

数式をコピーすると、参照列と
参照行だけが固定されます。

Keyword

複合参照

「複合参照」とは、相対
参照と絶対参照を組み合
わせた参照方式のことで
す。「列が相対参照、行
が絶対参照」「列が絶対
参照、行が相対参照」の
2種類があります。

2 参照方式を切り替える

1 「=」を入力して、参照先のセル (ここで
はセル [A1]) をクリックします。

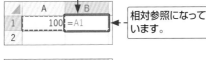

相対参照になって
います。

Memo

参照方式の切り替え

参照方式の切り替えは、
F4を使うとかんたんです。
F4を押すたびに参照方式
が切り替わります。

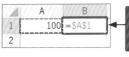

2 F4を押すと、参照
方式が絶対参照に切
り替わります。

3 続けてF4を押すと、「列が
相対参照、行が絶対参照」の
複合参照に切り替わります。

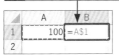

Hint

**あとから参照方式を
変更するには?**

入力を確定してしまった
セルの位置の参照方式を
変更するには、目的のセ
ルをダブルクリックしてか
ら、変更したいセルの位
置をドラッグして選択し、
F4を押します。

	A	B
1	100	=A1
2		

4 続けてF4を押すと、「列が
絶対参照、行が相対参照」の
複合参照に切り替わります。

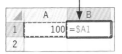

合計や平均を計算する

表を作成する際は、行や列の合計を求める作業が頻繁に行われます。
この場合は＜オートSUM＞を利用すると、数式を入力する手間が
省け、計算ミスを防ぐことができます。

1 連続したセル範囲のデータの合計を求める

1 連続するデータの下のセルをクリックして、

2 ＜数式＞タブをクリックし、

3 ＜オートSUM＞のここをクリックします。

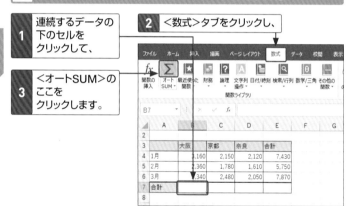

4 計算の対象となる範囲が自動的に選択されるので、

SUM関数 = =SUM(B4:B6)

5 確認して Enter を押すと、

6 連続するデータの合計が求められます。

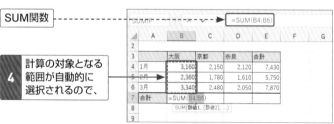

158

2 離れた位置にあるセルに合計を求める

1 合計を入力するセルをクリックして、

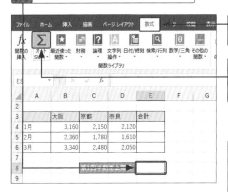

2 <数式>タブをクリックし、

3 <オートSUM>のここをクリックします。

第5章 数式・関数の操作

Memo

セル範囲をドラッグして指定する

離れた位置にあるセルや、別のワークシートに合計を求める場合は、セル範囲をドラッグして指定します。

	A	B	C	D	E	F	G
2							
3		大阪	京都	奈良	合計		
4	1月	3,160	2,150	2,120			
5	2月	2,360	1,780	1,610			
6	3月	3,340	2,480	2,050			
7							
8			第1四半期売上実績	=SUM(B4:D6)			
9				SUM(数値1, [数値2], ...)			
10							

=SUM(B4:D6)

3R x 3C

4 合計の対象とするデータのセル範囲をドラッグして、

	A	B	C	D	E	F
2						
3		大阪	京都	奈良	合計	
4	1月	3,160	2,150	2,120		
5	2月	2,360	1,780	1,610		
6	3月	3,340	2,480	2,050		
7						
8			第1四半期売上実績		21,050	
9						
10						

5 [Enter] を押すと、

6 指定したセル範囲の合計が求められます。

Keyword

SUM関数

<オートSUM>を利用して合計を求めたセルには、引数（P.162参照）に指定された数値やセル範囲の合計を求める「SUM関数」が入力されています。<オートSUM>は、<ホーム>タブの<編集>グループから利用することもできます。
書式：＝SUM（数値1, [数値2] ,…）

3 複数の列や行の合計をまとめて求める

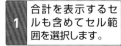

1 合計を表示するセルも含めてセル範囲を選択します。

2 <数式>タブをクリックして、

3 <オートSUM>のここをクリックすると、

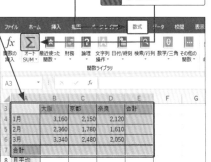

Memo

複数の行や列の合計をまとめて求める

行や列の合計を入力するセル範囲を選択して、同様に操作すると、複数の行や列の合計をまとめて求めることができます。

	A	B	C	D	E	F	G
3		大阪	京都	奈良	合計		
4	1月	3,160	2,150	2,120			
5	2月	2,360	1,780	1,610			
6	3月	3,340	2,480	2,050			
7	合計						
8	月平均						

B4 の値: 3160

	A	B	C	D	E	F	G
3		大阪	京都	奈良	合計		
4	1月	3,160	2,150	2,120	7,430		
5	2月	2,360	1,780	1,610	5,750		
6	3月	3,340	2,480	2,050	7,870		
7	合計	8,860	6,410	5,780	21,050		
8	月平均						

4 列の合計と行の合計がまとめて求められます。

Hint

<クイック分析>の利用

連続したセル範囲の合計や平均を求める場合に、<クイック分析>を利用することができます。

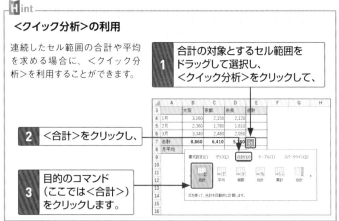

1 合計の対象とするセル範囲をドラッグして選択し、<クイック分析>をクリックして、

2 <合計>をクリックし、

3 目的のコマンド（ここでは<合計>）をクリックします。

4 平均を求める

1 平均を求めるセルをクリックして、

2 <数式>タブをクリックし、

3 <オートSUM>のここをクリックして、

4 <平均>をクリックします。

AVERAGE関数

5 計算対象のセル範囲をドラッグして、

6 Enter を押すと、

	A	B	C	D	E	F	G
2							
3		大阪	京都	奈良	合計		
4	1月	3,160	2,150	2,120	7,430		
5	2月	2,360	1,780	1,610	5,750		
6	3月	3,340	2,480	2,050	7,870		
7	合計	8,860	6,410	5,780	21,050		
8	月平均	2,953					
9							

7 指定したセル範囲の平均が求められます。

Keyword

AVERAGE関数

「AVERAGE関数」は、引数に指定された数値やセル範囲の平均を求める関数です。
書式：=AVERAGE (数値1, [数値2] ,…)

161

関数を入力する

関数とは、特定の計算を自動的に行うためにExcelにあらかじめ用意されている機能のことです。関数を利用すれば、面倒な計算や各種作業をかんたんに効率的に行うことができます。

■関数の書式　関数は、先頭に「=」(等号)を付けて関数名を入力し、後ろに引数をカッコ「( )」で囲んで指定します。引数とは、計算や処理に必要な数値やデータのことです。引数の数が複数ある場合は、引数と引数の間を「,」(カンマ)で区切ります。引数に連続する範囲を指定する場合は、開始セルと終了セルを「:」(コロン)で区切ります。関数名や記号はすべて半角で入力します。

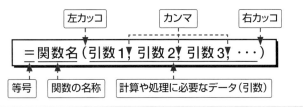

| 左カッコ | | カンマ | | 右カッコ |

$$=関数名(引数1, 引数2, 引数3, \cdots)$$

| 等号 | 関数の名称 | 計算や処理に必要なデータ(引数) |

1 <関数ライブラリ>から関数を入力する

ここでは、最大値を求めるMAX関数を入力します。

1 関数を入力するセルをクリックして、

2 <数式>タブをクリックします。

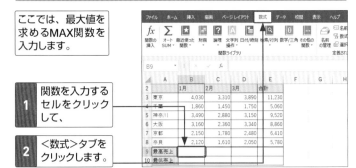

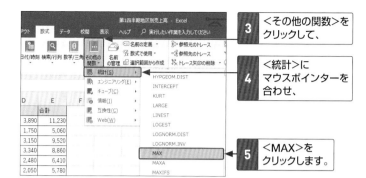

3 <その他の関数>を
クリックして、

4 <統計>に
マウスポインターを
合わせ、

5 <MAX>を
クリックします。

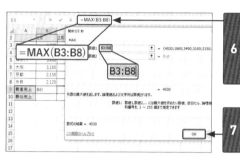

6 <関数の引数>ダイアログボックスが表示され、関数と引数が自動的に入力されます。

7 計算するセル範囲を確認して、<OK>をクリックすると、

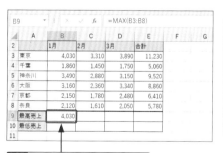

8 関数が入力され、計算結果が表示されます。

第5章 数式・関数の操作

—**M**emo—
引数の指定

関数が入力されたセルの上方向または左方向のセルに数値が入力されていると、それらのセルが自動的に引数として選択されます。

—**K**eyword—
MAX関数

「MAX関数」は、引数に指定された数値やセル範囲の最大値を求める関数です。
書式：＝MAX（引数1, [引数2] ,…）

163

2 <関数の挿入>から関数を入力する

1 関数を入力する
セルを
クリックして、

2 <数式>タブを
クリックし、

ここをクリックしても
同様です。

3 <関数の挿入>を
クリックします。

ここでは、最小値を
求めるMIN関数を
入力します。

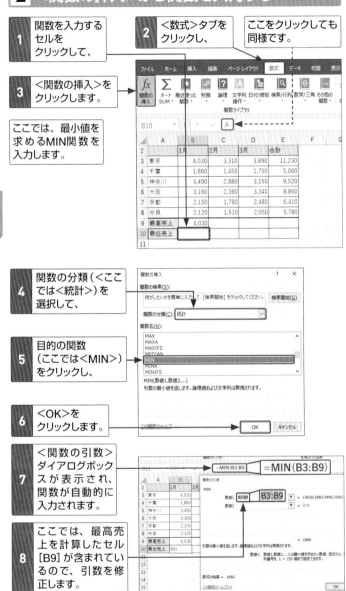

4 関数の分類(<ここ
では<統計>)を
選択して、

5 目的の関数
(ここでは<MIN>)
をクリックし、

6 <OK>を
クリックします。

7 <関数の引数>
ダイアログボック
スが表示され、
関数が自動的に
入力されます。

8 ここでは、最高売
上を計算したセル
[B9]が含まれてい
るので、引数を修
正します。

9 引数に指定するセル範囲をドラッグして選択し直します。

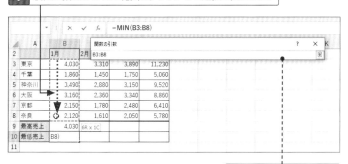

セル範囲のドラッグ中は、ダイアログボックスが折りたたまれます。

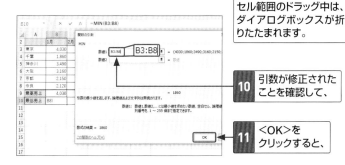

10 引数が修正されたことを確認して、

11 <OK>をクリックすると、

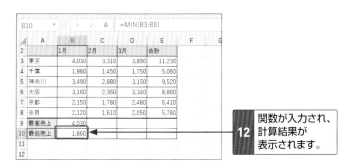

12 関数が入力され、計算結果が表示されます。

第5章 数式・関数の操作

Keyword

MIN関数

「MIN関数」は、引数に指定された数値やセル範囲の最小値を求める関数です。
書式：=MIN（引数1, [引数2]，…）

165

3 関数を直接入力する

1	関数を入力するセルをクリックし、「=」(等号)に続けて関数を1文字以上(ここでは「M」)入力すると、	

MIN	▼	:	×	✓	ƒx	=M	

▲	A	B	C	D	E	F
2		1月	2月	3月	合計	
3	東京	4,030	3,310	3,890	11,230	
4	千葉	1,860	1,450	1,750	5,060	
5	神奈川	3,490	2,880	3,150	9,520	
6	大阪	3,160	2,360	3,340	8,860	
7	京都	2,150	1,780	2,480	6,410	
8	奈良	2,120	1,610	2,050	5,780	
9	最高売上	4,030	=M			
10	最低売上	1,860				
11						

数式オートコンプリート:
- *ƒ* MATCH
- *ƒ* MAX
- *ƒ* MAXA
- *ƒ* MAXIFS
- *ƒ* MDETERM
- *ƒ* MDURATION
- *ƒ* MEDIAN
- *ƒ* MID

2	「数式オートコンプリート」が表示されます。	

3	入力したい関数(ここでは<MAX>)をダブルクリックすると、	

4	関数名と「(」(左カッコ)が入力されます。	

MIN	▼	:	×	✓	ƒx	=MAX(	

▲	A	B	C	D	E	F
2		1月	2月	3月	合計	
3	東京	4,030	3,310	3,890	11,230	
4	千葉	1,860	1,450	1,750	5,060	
5	神奈川	3,490	2,880	3,150	9,520	
6	大阪	3,160	2,360	3,340	8,860	
7	京都	2,150	1,780	2,480	6,410	
8	奈良	2,120	1,610	2,050	5,780	
9	最高売上	4,030	=MAX(			
10	最低売上	1,860	MAX(数値1, [数値2], …)			
11						

Memo

数式バーに関数を入力する

関数は、数式バーに入力することもできます。関数を入力したいセルをクリックしてから、数式バーをクリックして入力します。数式オートコンプリートも表示されます。

	▼	:	×	✓	ƒx	=MAX(C3:C8	

▲	A	B	C	D	E	F
2		1月	2月	3月	合計	
3	東京	4,030	3,310	3,890	11,230	
4	千葉	1,860	1,450	1,750	5,060	
5	神奈川	3,490	2,880	3,150	9,520	
6	大阪	3,160	2,360	3,340	8,860	
7	京都	2,150	1,780	2,480	6,410	
8	奈良	2,120	⊕ 1,610	2,050	5,780	
9	最高売上	4,030	=MAX(C3:C6R x 1C			
10	最低売上	1,860	MAX(数値1, [数値2], …)			
11						

5	引数にするセル範囲をドラッグして指定し、	

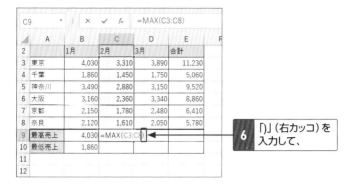

	A	B	C	D	E	F
2		1月	2月	3月	合計	
3	東京	4,030	3,310	3,890	11,230	
4	千葉	1,860	1,450	1,750	5,060	
5	神奈川	3,490	2,880	3,150	9,520	
6	大阪	3,160	2,360	3,340	8,860	
7	京都	2,150	1,780	2,480	6,410	
8	奈良	2,120	1,610	2,050	5,780	
9	最高売上	4,030	=MAX(C3:C8)			
10	最低売上	1,860				
11						
12						

6 「)」(右カッコ)を入力して、

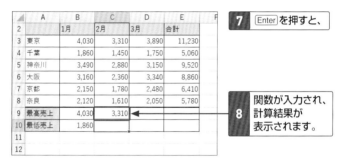

	A	B	C	D	E	F
2		1月	2月	3月	合計	
3	東京	4,030	3,310	3,890	11,230	
4	千葉	1,860	1,450	1,750	5,060	
5	神奈川	3,490	2,880	3,150	9,520	
6	大阪	3,160	2,360	3,340	8,860	
7	京都	2,150	1,780	2,480	6,410	
8	奈良	2,120	1,610	2,050	5,780	
9	最高売上	4,030	3,310			
10	最低売上	1,860				
11						
12						

7 Enter を押すと、

8 関数が入力され、計算結果が表示されます。

第5章 数式・関数の操作

Memo

関数の入力方法

Excelで関数を入力するには、次の3通りの方法があります。
①<数式>タブの<関数ライブラリ>グループの各コマンドを使う。
②<数式>タブや<数式>バーの<関数の挿入>コマンドを使う。
③数式バーやセルに直接関数を入力する。

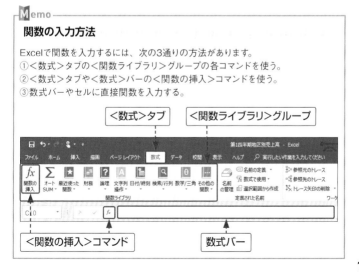

<数式>タブ　　　<関数ライブラリ>グループ

<関数の挿入>コマンド　　　数式バー

計算結果を 切り上げる／切り捨てる

数値を指定した桁数で四捨五入したり、切り上げたり、切り捨てたりする処理は頻繁に行われます。四捨五入はROUND関数を、切り上げはROUNDUP関数を、切り捨てはINT関数を使います。

1 数値を四捨五入する

1	結果を表示するセル(ここでは[D3])をクリックして、<数式>タブ→<数学／三角>→<ROUND>の順にクリックします。

2	<数値>にもとデータのあるセル(ここでは [C3])を指定して、

3	<桁数>に小数点以下の桁数(ここでは「0」)を入力します。

4	<OK>をクリックすると、

数式バー: `=ROUND(C3,0)`

関数の引数 ROUND

数値 C3 = 118.4
桁数 0

数値を指定した桁数に四捨五入した値を返します。

桁数 には四捨五入する桁数を指定します。
例(整数部分)の指定した桁(1の位を0とする)に。0を指定すると、最も近い整数として四捨五入します。

数式の結果 = 118

この関数のヘルプ(H)

A	B	C	四
1 消費税計算			
2 商品名	単価	消費税額	四
3 野菜プランター	1,480	118.4	C3
4 植木ポット	1,770	141.6	
5 水耕栽培キット	6,690	535.2	
6 壁掛けプランター	2,480	198.4	
7 ステップ台	8,990	719.2	
8 ランタン	3,890	311.2	
9 プランター(大)	5,560	444.8	

5	数値が四捨五入されます。

Keyword

ROUND関数

「ROUND関数」は、指定した桁数で数値を四捨五入する関数です。手順**3**で桁数「0」を指定すると、小数点以下第1位で四捨五入されます。
書式: =ROUND(数値,桁数)

数式バー: `=ROUND(C3,0)`

	A	B	C	D	E	F
1	消費税計算					
2	商品名	単価	消費税額	四捨五入	切り上げ	切り捨て
3	野菜プランター	1,480	118.4	118		
4	植木ポット	1,770	141.6	142		
5	水耕栽培キット	6,690	535.2	535		
6	壁掛けプランター	2,480	198.4	198		
7	ステップ台	8,990	719.2	719		
8	ランタン	3,890	311.2	311		
9	プランター(大)	5,560	444.8	445		

6	ほかのセルにも数式をコピーします。

2 数値を切り上げる

1 結果を表示するセル（ここでは [E3]）をクリックして、＜数式＞タブ→＜数学／三角＞→＜ROUNDUP＞の順にクリックします。

E3				fx	=ROUNDUP(C3,0)	
	A	B	C	D	E	F
2	商品名	単価	消費税額	四捨五入	切り上げ	切り捨て
3	野菜プランター	1,480	118.4	118	119	
4	植木ポット	1,770	141.6	142	142	
5	水耕栽培キット	6,690	535.2	535	536	
6	壁掛けプランター	2,480	198.4	198	199	
7	ステップ台	8,990	719.2	719	720	
8	ランタン	3,890	311.2	311	312	
9	プランター（大）	5,560	444.8	445	445	
10						

2 左ページの手順**2**〜**6**と同様に操作すると、数値が切り上げられます。

Keyword

ROUNDUP関数

「ROUNDUP関 数」は、指定した桁数で数値を切り上げる関数です。引数「0」を指定すると、小数点以下第1位で切り上げられます。
書式：＝ROUNDUP（数値,桁数）

3 数値を切り捨てる

1 結果を表示するセル（ここでは [F3]）をクリックして、＜数式＞タブ→＜数学／三角＞→＜INT＞の順にクリックします。

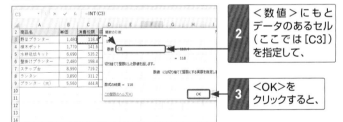

2 ＜数値＞にもとデータのあるセル（ここでは [C3]）を指定して、

3 ＜OK＞をクリックすると、

4 数値が切り捨てられます。

	A	B	C	D	E	F	G
2	商品名	単価	消費税額	四捨五入	切り上げ	切り捨て	
3	野菜プランター	1,480	118.4	118	119	118	
4	植木ポット	1,770	141.6	142	142	141	
5	水耕栽培キット	6,690	535.2	535	536	535	
6	壁掛けプランター	2,480	198.4	198	199	198	
7	ステップ台	8,990	719.2	719	720	719	
8	ランタン	3,890	311.2	311	312	311	
9	プランター（大）	5,560	444.8	445	445	444	
10							

5 ほかのセルにも数式をコピーします。

Keyword

INT関数

「INT関数」は、指定した数値を超えない最大の整数を求める関数です。
書式：＝INT（数値）

数式のエラーを解決する

セルに入力した数式や関数の計算結果が正しく得られない場合は、セル上にエラーインジケーターとエラー値が表示されます。エラー値はエラーの原因によって異なるので、表示されたエラー値を手がかりにエラーを解決します。

> エラーのあるセルには、エラーインジケーターが表示されます。

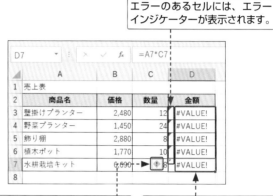

<エラーチェックオプション>を利用すると、エラーに応じた修正ができます。

数式のエラーがあるセルには、エラー値が表示されます。

エラー値	原因と解決方法
#VALUE!	数式の参照先や関数の引数の型、演算子の種類などが間違っている場合に表示されます。間違っている参照先や引数を修正します。
#####	セルの幅が狭くて計算結果を表示できない場合や、時間の計算が負になった場合などに表示されます。セルの幅を広げたり、数式を修正します。
#NAME?	関数名やセル範囲の指定などが間違っている場合に表示されます。関数名やセル範囲を正しいものに修正します。
#DIV/0!	割り算の除数 (割るほうの数) の値が「0」または未入力で空白の場合に表示されます。セルの値や参照先を修正します。
#N/A	VLOOKUP関数、LOOKUP関数、HLOOKUP関数、MATCH関数などの関数で、検索した値が検索範囲内に存在しない場合に表示されます。検索値を修正します。
#NULL!	指定したセル範囲に共通部分がない場合や参照するセル範囲が間違っている場合に表示されます。参照しているセル範囲を修正します。
#NUM!	引数として指定できる数値の範囲がExcelで処理できる数値の範囲を超えている場合に表示されます。処理できる数値の範囲に収まるように修正します。
#REF!	数式中で参照しているセルが、行や列の削除などで削除された場合に表示されます。参照先を修正します。

第**6**章

文字の操作

文字のスタイルを変更する

文字には太字や斜体を設定したり、下線を付けたりと、さまざまな書式を設定することができます。適宜設定すると、特定の文字を目立たせたり、表にメリハリを付けたりすることができます。

1 文字を太字にする

1	文字を太字にする セルを クリックします。

2	<ホーム>タブ をクリックして、

3	<太字>を クリックすると、

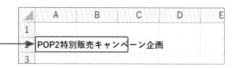

Hint

太字を解除するには?

太字の設定を解除するには、対象のセルをクリックして、<太字>を再度クリックします。

| A2 | POP2特別販売 |

	A	B	C	D	E
1					
2	POP2特別販売キャンペーン企画				
3					

4	文字が 太字になります。

	A	B	C	D	E
1					
2	**POP2特別販売キャンペーン企画**				
3					

StepUp

文字の一部分に書式を設定するには?

セルを編集できる状態にして、文字の一部分を選択してから太字や斜体などを設定すると、選択した部分の文字だけに書式を設定することができます。

文字の一部分を選択します。

2 文字を斜体にする

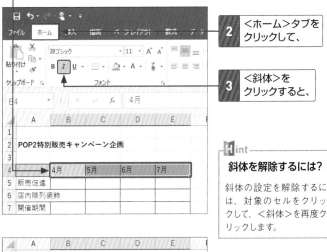

1 文字を斜体にする
セル範囲を選択します。

2 <ホーム>タブを
クリックして、

3 <斜体>を
クリックすると、

Hint

斜体を解除するには?

斜体の設定を解除するには、対象のセルをクリックして、<斜体>を再度クリックします。

	A	B	C	D	E
1					
2	POP2特別販売キャンペーン企画				
3					
4		*4月*	*5月*	*6月*	*7月*
5	販売促進				
6	店内陳列装飾				
7	開催期間				

4 文字が
斜体になります。

StepUp

取り消し線を引く

<セルの書式設定>ダイアログボックスの<フォント>を表示して(P.175参照)、<文字飾り>の<取り消し線>をクリックしてオンにすると、文字に取り消し線を引くことができます。

173

3 文字に下線を付ける

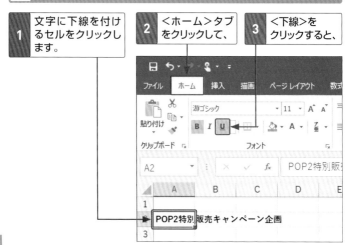

①	文字に下線を付けるセルをクリックします。
②	<ホーム>タブをクリックして、
③	<下線>をクリックすると、

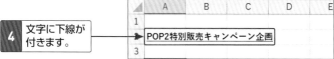

④	文字に下線が付きます。

StepUp

文字色と異なる色で下線を引くには?

文字色と違う色で下線を引くには、文字の下に直線を描画して、線の色を設定します。Excel 2019のシート上に直線・図形を描画する手順や、太さ・色・位置などを変更する手順は、Word 2019とほぼ同じです（第3章Sec.25～27参照）。

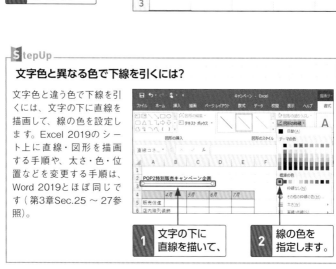

①	文字の下に直線を描いて、
②	線の色を指定します。

4 上付き／下付き文字にする

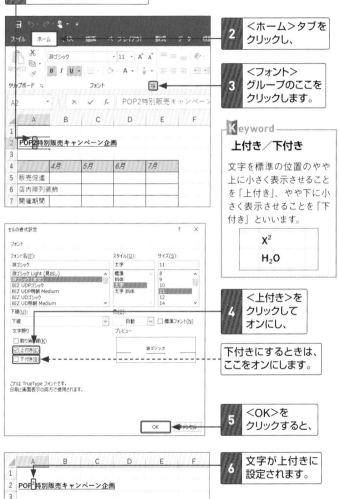

1 上付き（あるいは下付き）にする文字を選択して、

2 <ホーム>タブをクリックし、

3 <フォント>グループのここをクリックします。

Keyword

上付き／下付き

文字を標準の位置のやや上に小さく表示させることを「上付き」、やや下に小さく表示させることを「下付き」といいます。

X^2

H_2O

4 <上付き>をクリックしてオンにし、

下付きにするときは、ここをオンにします。

5 <OK>をクリックすると、

6 文字が上付きに設定されます。

第6章 文字の操作

175

フォントサイズとフォントを変更する

セルに入力されている文字の文字サイズやフォントは、任意に変更することができます。表の見出しなどの文字サイズやフォントを変更すると、その部分を目立たせることができます。

1 フォントサイズを変更する

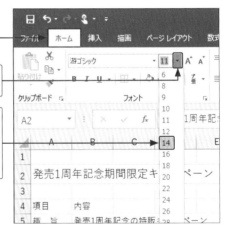

1 文字サイズを変更するセルをクリックします。

2 <ホーム>タブをクリックして、

3 <フォントサイズ>のここをクリックし、

4 文字サイズにマウスポインターを合わせると、文字サイズが一時的に適用されて表示されます。

5 手順**4**で文字サイズをクリックすると、文字サイズの適用が確定されます。

発売1周年記念期間限定キャンペーン

Memo
初期設定の文字サイズ

Excelの既定の文字サイズは、「11ポイント」です。

2 フォントを変更する

1 フォントを変更するセルをクリックします。

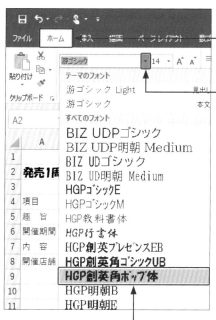

2 <ホーム>タブをクリックして、

3 <フォント>のここをクリックし、

4 フォントにマウスポインターを合わせると、フォントが一時的に適用されて表示されます。

Memo

初期設定のフォント

Excelの既定の日本語フォントは、「游ゴシック」です。

5 フォントをクリックすると、フォントの適用が確定されます。

StepUp

文字の一部を変更するには?

セルを編集できる状態にして、文字の一部分を選択すると、選択した部分のフォントや文字サイズだけを変更できます。

文字の配置を変更する

セル内の文字の配置は任意に変更することができます。セル内に文字が入りきらない場合は、文字を折り返したり、セル幅に合わせて縮小したりできます。また、文字を縦書きにすることもできます。

1 文字をセルの中央に揃える

StepUp

文字の左右上下の配置

<ホーム>タブの<配置>グループの各コマンドを利用すると、セル内の文字を左揃えや中央揃え、右揃えに設定したり、上揃えや上下中央揃え、下揃えに設定することができます。

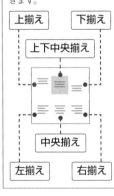

1 文字配置を変更するセル範囲を選択します。

2 <ホーム>タブをクリックして、

3 <中央揃え>をクリックすると、

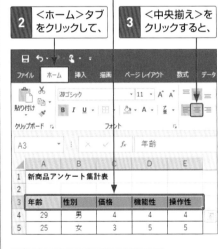

4 文字が中央揃えになります。

2 セルに合わせて文字を折り返す

1 セル内に文字が収まっていないセルをクリックします。

2 <ホーム>タブを クリックして、

3 <折り返して全体を表示 する>をクリックすると、

4 文字が折り返され、 文字全体が表示されます。

5	販売促進			
6	店内陳列 と装飾			
7	開催期間			

行の高さは、折り返した文字に合わせて自動 的に調整されます。

Hint

折り返した文字を もとに戻すには?

折り返した文字をもとに 戻すには、対象のセルを クリックして、<折り返し て全体を表示する>を再 度クリックします。

StepUp

指定した位置で折り返すには?

指定した位置で文字を折り返したい 場合は、セル内をダブルクリックして、 折り返したい位置にカーソルを移動し、 Alt + Enter を押します。

折返したい位置で Alt + Enter を押します。

A6		:	×	✓	fx	装飾

	A	B	C	D
2	POP²特別販売キャンペーン企画			
3				
4		4月	5月	6月	7月
5	販売促進			
6	店内陳列と 装飾			
8				

第 6 章 文字の操作

179

3 文字の大きさをセルの幅に合わせる

1 文字の大きさを調整するセルをクリックして、

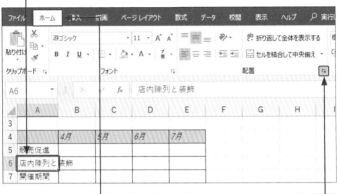

2 <ホーム>タブをクリックし、

3 <配置>グループのここをクリックします。

Memo

縮小して全体を表示

手順**4**、**5**の方法で操作すると、セル内に収まらない文字が自動的に縮小して表示されます。セル幅を広げると、文字の大きさはもとに戻ります。

4 <縮小して全体を表示する>をクリックしてオンにし、

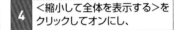

5 <OK>をクリックすると、

6 文字がセルの幅に合わせて、自動的に縮小されます。

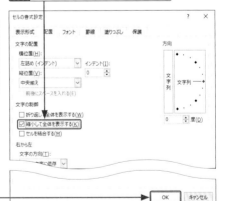

4 文字を縦書きにする

1 文字を縦書きにするセル範囲を選択して、

2 <ホーム>タブをクリックします。

3 <方向>をクリックして、

4 <縦書き>をクリックすると、

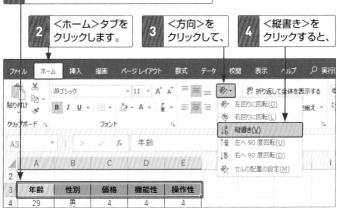

5 文字が縦書き表示になります。

	A	B	C	D	E
2					
3	年齢	性別	価格	機能性	操作性
4	29	男	4	4	4
5	25	女	3	5	5

Hint

文字を回転する

手順**4**で<左回りに回転>または<右回りに回転>をクリックすると、それぞれの方向に45度単位の回転ができます。

StepUp

インデントを設定する

「インデント」とは、文字とセルの枠線との間隔を広くする機能のことです。セル範囲を選択して、<ホーム>タブの<インデントを増やす>をクリックすると、クリックするごとに、セル内のデータが1文字分ずつ右へ移動します。インデントを解除するには、<インデントを減らす>をクリックします。

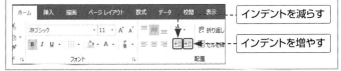

インデントを減らす

インデントを増やす

文字の表示形式を変更する

表示形式は、データを目的に合った形式で表示するための機能です。この機能を利用して、数値を通貨スタイルやパーセンテージスタイル、桁区切りスタイルなどで表示することができます。

■表示形式と表示結果

Excelでは、セルに対して「表示形式」を設定することで、実際にセルに入力したデータを、さまざまな見た目で表示させることができます。表示形式には、下図のようなものがあります。

入力データ	表示形式	セル上の表示
1234.56	標準	1234.56
	数値	1235
	通貨	¥1,235
	指数	1.E+03
	文字列	1234.56
	パーセンテージ	123456%

表示形式を設定するには、＜ホーム＞タブの＜数値＞グループの各コマンドを利用します。また、＜セルの書式設定＞ダイアログボックスの＜表示形式＞を利用すると、さらに詳細な設定が行えます。

1 数値に「¥」を付けて表示する

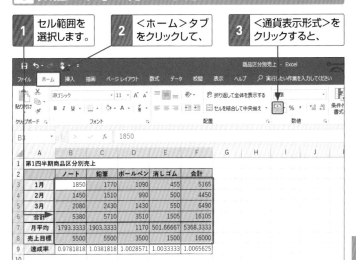

1 セル範囲を選択します。

2 <ホーム>タブをクリックして、

3 <通貨表示形式>をクリックすると、

	A	B	C	D	E	F	G	H	I	J
1	第1四半期商品区分別売上									
2		ノート	鉛筆	ボールペン	消しゴム	合計				
3	1月	1850	1770	1090	455	5165				
4	2月	1450	1510	990	500	4450				
5	3月	2080	2430	1430	550	6490				
6	合計	5380	5710	3510	1505	16105				
7	月平均	1793.3333	1903.3333	1170	501.66667	5368.3333				
8	売上目標	5500	5500	3500	1500	16000				
9	達成率	0.9781818	1.0381818	1.0028571	1.0033333	1.0065625				
10										

	A	B	C	D	E	F
1	第1四半期商品区分別売上					
2		ノート	鉛筆	ボールペン	消しゴム	合計
3	1月	¥1,850	¥1,770	¥1,090	¥455	¥5,165
4	2月	¥1,450	¥1,510	¥990	¥500	¥4,450
5	3月	¥2,080	¥2,430	¥1,430	¥550	¥6,490
6	合計	¥5,380	¥5,710	¥3,510	¥1,505	¥16,105
7	月平均	¥1,793	¥1,903	¥1,170	¥502	¥5,368
8	売上目標	¥5,500	¥5,500	¥3,500	¥1,500	¥16,000
9	達成率	0.9781818	1.0381818	1.0028571	1.0033333	1.0065625
10						

4 数値が通貨スタイルに変更されます。

小数点以下の数値は四捨五入されて表示されます。

Hint

別の通貨記号を使うには?

「¥」以外の通貨記号を使いたい場合は、<通貨表示形式>の▼をクリックして、通貨記号を指定します。メニュー最下段の<その他の通貨表示形式>をクリックすると、そのほかの通貨記号が選択できます。

2 数値をパーセンテージで表示する

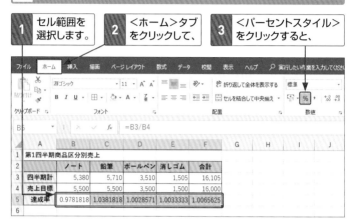

1	セル範囲を選択します。
2	<ホーム>タブをクリックして、
3	<パーセントスタイル>をクリックすると、

| 4 | パーセンテージスタイルに変更されます。 |

下のHint参照。

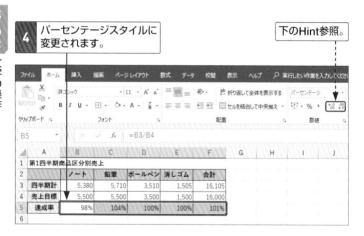

Hint

小数点以下の表示桁数

数値をパーセンテージスタイルに変更すると、小数点以下の桁数が「0」(ゼロ)のパーセンテージスタイルになります。小数点以下の表示桁数を増やす場合は、<ホーム>タブの<数値>グループにある<小数点以下の表示桁数を増やす>を、減らす場合は<小数点以下の表示桁数を減らす>をクリックします。

3 数値を3桁区切りで表示する

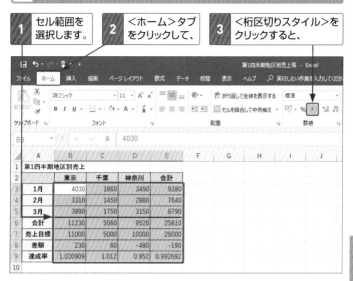

1	セル範囲を選択します。
2	<ホーム>タブをクリックして、
3	<桁区切りスタイル>をクリックすると、

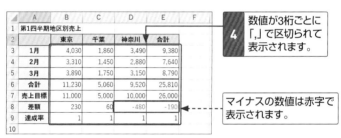

| 4 | 数値が3桁ごとに「,」で区切られて表示されます。 |

マイナスの数値は赤字で表示されます。

Hint

表示形式を標準に戻すには?

表示形式を変更したセルを標準スタイルに戻したいときは、対象のセルをクリックして、<数値>グループの<数値の書式>から<標準>を指定します。

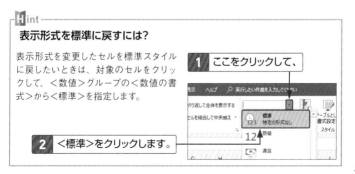

| 1 | ここをクリックして、 |
| 2 | <標準>をクリックします。 |

条件に応じて書式を設定する

条件付き書式を利用すると、条件に一致するセルに書式を設定して目立たせることができます。また、データを相対評価して、カラーバーやアイコンでセルの値を視覚的に表現することもできます。

1 特定の値より大きい数値に色を付ける

1 セル範囲[B3:D5]を選択して、

2 <ホーム>タブをクリックします。

第6章 文字の操作

Keyword

条件付き書式

「条件付き書式」とは、指定した条件に基づいてセルを強調表示したり、データを相対的に評価して視覚化する機能のことです。

3 <条件付き書式>をクリックして、

4 <セルの強調表示ルール>にマウスポインターを合わせ、

5 <指定の値より大きい>をクリックします。

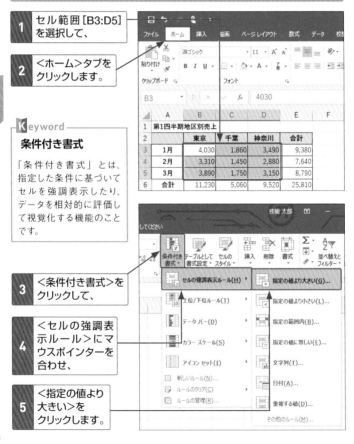

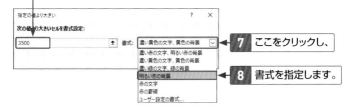

6 設定のダイアログで条件（ここでは数値の「3500」）を入力して、

7 ここをクリックし、

8 書式を指定します。

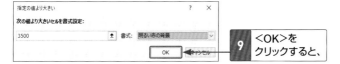

9 <OK>をクリックすると、

	A	B	C	D	E	F
1	第1四半期地区別売上					
2		東京	千葉	神奈川	合計	
3	1月	4,030	1,860	3,490	9,380	
4	2月	3,310	1,450	2,880	7,640	
5	3月	3,890	1,750	3,150	8,790	
6	合計	11,230	5,060	9,520	25,810	
7						
8						
9						

10 指定した値より大きい数値のセルに書式が設定されます。

第6章 文字の操作

Hint

<クイック分析>を利用する

条件付き書式は、<クイック分析>を使って設定することもできます。目的のセル範囲を選択して、右下に表示される<クイック分析>をクリックし、<書式設定>から目的のコマンドをクリックします。

1 セル範囲[B3:D5]を選択して、

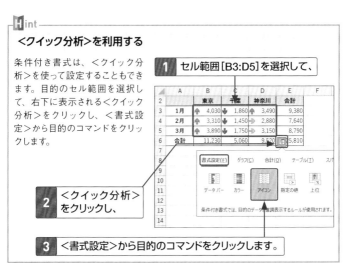

2 <クイック分析>をクリックし、

3 <書式設定>から目的のコマンドをクリックします。

187

2 数値の大小に応じて色を付ける

セルにデータバーを
表示します。

1 セル範囲 [D3:D8] を選択して、

2 <ホーム>タブを
クリックします。

Keyword

データバー

「データバー」とは、値の
大小に応じてセルにグラ
デーションや単色でカラー
バーを表示する機能のこ
とです。

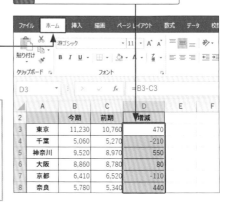

	A	B	C	D	E	F
2		今期	前期	増減		
3	東京	11,230	10,760	470		
4	千葉	5,060	5,270	-210		
5	神奈川	9,520	8,970	550		
6	大阪	8,860	8,780	80		
7	京都	6,410	6,520	-110		
8	奈良	5,780	5,340	440		

D3 : = B3-C3

3 <条件付き書式>を
クリックして、

4 <データバー>に
マウスポインターを
合わせ、

5 目的のデータバー
をクリックすると、

セルの強調表示ルール(H)
上位/下位ルール(T)
データ バー(D)
カラー スケール(S)
アイコン セット(I)
新しいルール(N)...
ルールのクリア(C)
ルールの管理(R)...

塗りつぶし (グラデーション)

塗りつぶし (単色)

その他のルール(M)...

Hint

条件付き書式を
解除するには?

書式を解除したいセルを
選択して、<条件付き書
式>→<ルールのクリ
ア>→<選択したセルか
らルールをクリア>の順
にクリックします。

6 値の大小に応じたカラーバーが
表示されます。

	A	B	C	D	E	F
2		今期	前期	増減		
3	東京	11,230	10,760	470		
4	千葉	5,060	5,270	-210		
5	神奈川	9,520	8,970	550		
6	大阪	8,860	8,780	80		
7	京都	6,410	6,520	-110		
8	奈良	5,780	5,340	440		

第7章

セル・シート・ブックの操作

列の幅や行の高さを調整する

数値や文字がセルに収まりきらない場合や、表の体裁を整えたい場合は、列の幅や行の高さを変更します。セルのデータに合わせて列の幅を調整することもできます。

1 ドラッグして列の幅を変更する

1 幅を変更する列番号の境界にマウスポインターを合わせ、形が＋に変わった状態で、

	A	B	C	D	E
1					
2	**発売1周年記念期間限定キャンペーン**				
3					
4	項目	内容			
5	趣 旨	発売1周年記念の特販キャンペーン			
6	開催期間	4月1日〜4月30日まで			
7	内 容	期間中売上上位3店舗に金一封進呈			
8	開催店舗	札幌、東京、横浜の各店舗			

ドラッグ中に列の幅が数値で表示されます。

A4　　幅: 12.75 (107 ピクセル)　項目

2 右（または左）にドラッグすると、

	A	B	C	D	E
1					
2	**発売1周年記念期間限定キャンペーン**				
3					
4	項目	内容			
5	趣 旨	発売1周年記念の特販キャンペーン			
6	開催期間	4月1日〜4月30日まで			
7	内 容	期間中売上上位3店舗に金一封進呈			
8	開催店舗	札幌、東京、横浜の各店舗			

Memo

行の高さの変更

行番号の境界にマウスポインターを合わせて、形が＋に変わった状態で上下にドラッグすると、行の高さを変更できます。

	A	B	C	D	E
1					
2	**発売1周年記念期間限定キャンペーン**				
3					
4	項目	内容			
5	趣 旨	発売1周年記念の特販キャンペーン			
6	開催期間	4月1日〜4月30日まで			
7	内 容	期間中売上上位3店舗に金一封進呈			
8	開催店舗	札幌、東京、横浜の各店舗			

3 列の幅が変更されます。

2 セルのデータに列の幅を合わせる

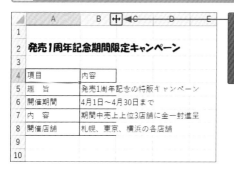

2 セルのデータの長さに合わせて、列の幅が変更されます。

	A	B
1		
2	発売1周年記念期間限定キャンペーン	
3		
4	項目	内容
5	趣　旨	発売1周年記念の特販キャンペーン
6	開催期間	4月1日〜4月30日まで
7	内　容	期間中売上上位3店舗に金一封進呈
8	開催店舗	札幌、東京、横浜の各店舗
9		
10		

対象となる列内のセルで、もっとも長い文字に合わせて列の幅が自動的に調整されます。

Hint

複数の行や列を同時に変更するには?

複数の行または列を選択した状態で境界をドラッグすると、複数の行の高さや列の幅を同時に変更できます。

Hint

列の幅や行の高さの表示単位

変更中の列の幅や行の高さは、マウスポインターの右上に数値で表示されます。列の幅はセル内に表示できる半角文字の「文字数」で(左ページの手順2の図参照)、行の高さは「ポイント数」で表されます。カッコの中にはピクセル数が表示されます。

セルを挿入する／削除する

行単位や列単位だけでなく、セル単位でも挿入や削除を行うことができます。セル単位で挿入や削除を行う場合は、挿入や削除後のセルの移動方向を指定する必要があります。

1 セルを挿入する

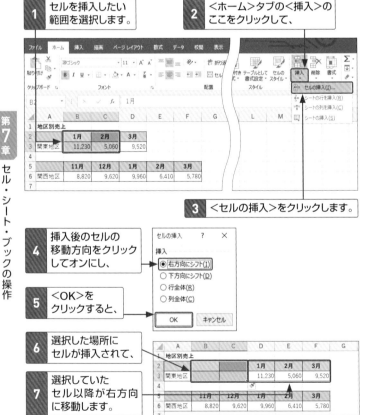

1 セルを挿入したい範囲を選択します。

2 <ホーム>タブの<挿入>のここをクリックして、

3 <セルの挿入>をクリックします。

4 挿入後のセルの移動方向をクリックしてオンにし、

5 <OK>をクリックすると、

6 選択した場所にセルが挿入されて、

7 選択していたセル以降が右方向に移動します。

第7章 セル・シート・ブックの操作

2 セルを削除する

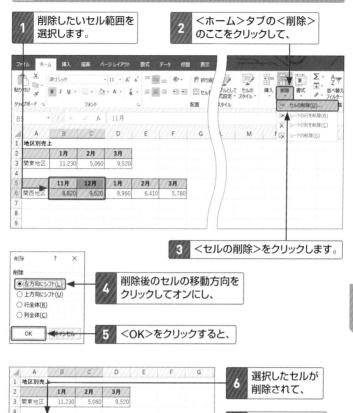

1 削除したいセル範囲を選択します。

2 <ホーム>タブの<削除>のここをクリックして、

3 <セルの削除>をクリックします。

4 削除後のセルの移動方向をクリックしてオンにし、

5 <OK>をクリックすると、

6 選択したセルが削除されて、

7 右にあるセルが左に移動します。

Hint

挿入したセルの書式を設定する

挿入したセルの上のセル（または左のセル）に書式が設定されていると、<挿入オプション>が表示されます。これを利用すると、挿入したセルの書式を変更することができます。

193

セルを結合する

隣り合う複数のセルは、結合して1つのセルとして扱うことができます。結合したセル内の文字の配置は、通常のセルと同じように任意に設定することができます。

1 セルを結合して文字を中央に揃える

1 隣接する複数のセルを選択します。

2 <ホーム>タブをクリックして、

3 <セルを結合して中央揃え>をクリックすると、

4 セルが結合され、文字が自動的に中央揃えになります。

Memo

結合するセルにデータがある場合には?

結合するセルの選択範囲に複数のデータが存在する場合は、左上端のセルのデータのみが保持されます。

2 文字配置を維持したままセルを結合する

1 隣接する複数のセルを選択します。

2 <ホーム>タブをクリックして、

3 <セルを結合して中央揃え>のここをクリックし、

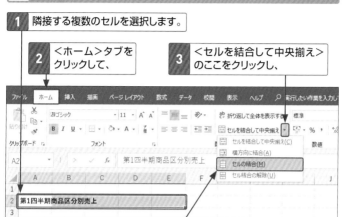

4 <セルの結合>をクリックすると、

5 文字の配置を維持したまま、セルが結合されます。

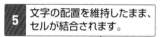

Hint

セル結合の解除

セルの結合を解除するには、目的のセルを選択して、<セルを結合して中央揃え>を再度クリックします。

StepUp

セルを横方向に結合する

結合したいセル範囲を選択して、上記の手順**4**で<横方向に結合>をクリックすると、同じ行のセルどうしを一気に結合することができます。

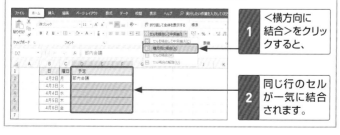

1 <横方向に結合>をクリックすると、

2 同じ行のセルが一気に結合されます。

行や列を挿入する／削除する

表を作成したあとで項目を追加する必要が生じた場合は、行や列を挿入してデータを追加します。また、不要な項目がある場合は、行単位や列単位で削除することができます。

1 行や列を挿入する

行を挿入する

> **1** 行番号をクリックして、行を選択します。
>
> **2** <ホーム>タブをクリックして、
>
> **3** <挿入>のここをクリックし、

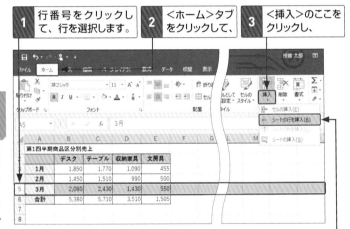

> **4** <シートの行を挿入>をクリックすると、

Memo

列の挿入

列を挿入する場合は、列番号をクリックして列を選択し、手順 **4** で<シートの列を挿入>をクリックします。

> **5** 選択した行の上に行が挿入されます。

	A	B	C	D	E	F	G
1	第1四半期商品区分別売上						
2		デスク	テーブル	収納家具	文房具		
3	1月	1,850	1,770	1,090	455		
4	2月	1,450	1,510	990	500		
5							
6	3月	2,080	2,430	1,430	550		
7	合計	5,380	5,710	3,510	1,505		
8							

右ページのStepUp参照。

2 行や列を削除する

列を削除する

1 列番号をクリックして、削除する列を選択します。	**2** <ホーム>タブをクリックして、	**3** <削除>のここをクリックし、

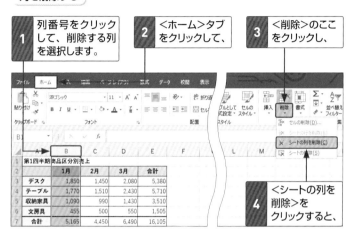

4 <シートの列を削除>をクリックすると、

5 列が削除されます。	数式が入力されている場合は、自動的に再計算されます。

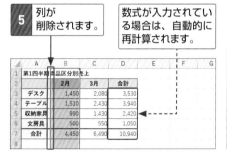

第7章 セル・シート・ブックの操作

Memo

行の削除

行を削除する場合は、行番号をクリックして行を選択し、手順**4**で<シートの行を削除>をクリックします。

StepUp

挿入した行や列の書式を設定できる

挿入した周囲のセルに書式が設定されていた場合、挿入した行や列には、上の行（または左の列）の書式が適用されます。書式を変更したい場合は、行や列を挿入した際に表示される<挿入オプション>をクリックして設定します。

行を挿入した場合	列を挿入した場合	
		挿入した行や列の書式を変更できます。

ワークシートを
追加する／削除する

新規に作成したブックには1枚のワークシートが表示されています。
ワークシートは、必要に応じて追加したり、不要になった場合は削
除したりすることができます。

1 ワークシートを追加する

1 <新しいシート>を
クリックすると、

14		13	緒川　新一	オガワ　シンイチ	162-0811
15		14	小川 慎一	オガワ シンイチ	151-0051
16		15	尾崎 圭子	オザキ ケイコ	150-8081
17		16	小田 真琴	オ▼ マコト	224-0025

Sheet1　　(+)

準備完了

2 現在のワークシート
の後ろに、新しい
ワークシートが追加
されます。

14	
15	
16	
17	

Sheet1　Sheet2　　(+)

準備完了

2 ワークシートを切り替える

1 切り替えたいワー
クシートのシート
見出し（ここでは
「Sheet1」）をク
リックすると、

14	
15	
16	
17	

Sheet1　Sheet2　　(+)

準備完了

2 ワークシートが
「Sheet1」に
切り替わります。

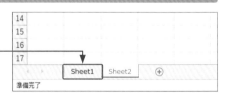

14		13	緒川　新一	オガワ　シンイチ	162-0811
15		14	小川 慎一	オガワ シンイチ	151-0051
16		15	尾崎 圭子	オザキ ケイコ	150-8081
17		16	小田 真琴	オダ マコト	224-0025

Sheet1　Sheet2　　(+)

準備完了

第7章　セル・シート・ブックの操作

3 ワークシートを削除する

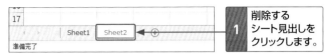

1 削除する
シート見出しを
クリックします。

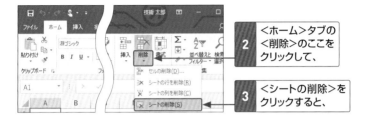

2 <ホーム>タブの
<削除>のここを
クリックして、

3 <シートの削除>を
クリックすると、

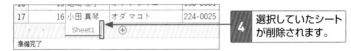

4 選択していたシート
が削除されます。

4 ワークシート名を変更する

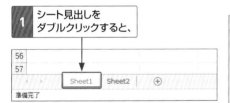

1 シート見出しを
ダブルクリックすると、

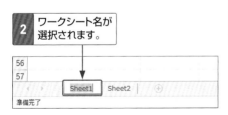

2 ワークシート名が
選択されます。

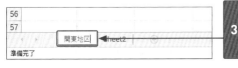

3 新しいワークシート
名を入力してEnter
を押すと、ワークシー
ト名が変更されます。

Hint

**ワークシート名で
使えない文字**

ワークシート名には半角・
全角の「¥」「＊」「?」
「:」「'」「/」「[ ]」は使
用できません。また、ワー
クシート名を空白(何も文
字を入力しない状態)に
することはできません。

第7章 セル・シート・ブックの操作

199

ワークシートを印刷する

作成したワークシートを印刷する際は、印刷プレビューで印刷結果のイメージを確認します。印刷結果を確認しながら、用紙サイズや余白などの設定を行い、設定が完了したら印刷を行います。

1 印刷プレビューを表示する

Hint

複数ページのイメージを確認するには?

ワークシートが複数ページにまたがる場合は、印刷プレビューの左下にある<次のページ>▶、<前のページ>◀をクリックして確認します。

◀ 2 / 3 ▶

1 <ファイル>タブをクリックして、

2 <印刷>をクリックすると、

3 <印刷>画面が表示され、右側に印刷プレビューが表示されます。

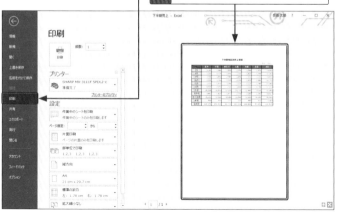

2 印刷の向き・用紙サイズ・余白の設定を行う

1 <印刷>画面を表示します（左ページ参照）。

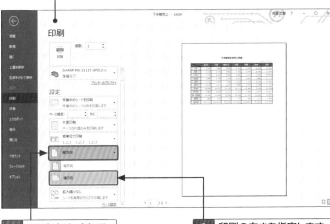

2 ここをクリックして、

3 印刷の向きを指定します。

4 ここをクリックして、

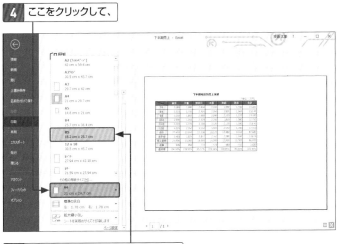

5 使用する用紙サイズを指定します。

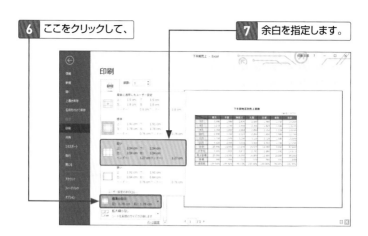

6 ここをクリックして、

7 余白を指定します。

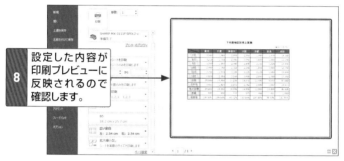

8 設定した内容が印刷プレビューに反映されるので確認します。

3 印刷を実行する

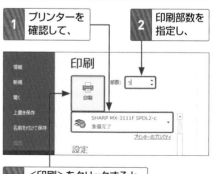

1 プリンターを確認して、

2 印刷部数を指定し、

3 <印刷>をクリックすると、印刷が実行されます。

StepUp

プリンターの設定を変更する

プリンターの設定を変更する場合は、<プリンターのプロパティ>をクリックして、プリンターのプロパティ画面を表示します。

202

第**8**章

グラフ・データの操作

グラフを作成する

グラフは、グラフのもとになるセル範囲を選択して、＜おすすめグラフ＞か、グラフの種類に対応したコマンドをクリックして、目的のグラフを選択するだけで、かんたんに作成できます。

第8章　グラフ・データの操作

1 ＜おすすめグラフ＞を利用する

1 グラフのもとになるセル範囲を選択して、

2 ＜挿入＞タブをクリックし、

3 ＜おすすめグラフ＞をクリックします。

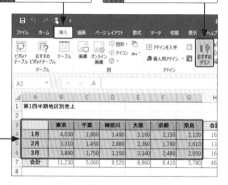

	東京	千葉	神奈川	大阪	京都	奈良	合計
1月	4,030	1,860	3,490	3,160	2,150	2,120	16
2月	3,310	1,450	2,880	2,360	1,780	1,610	13
3月	3,890	1,750	3,150	3,340	2,480	2,050	16
合計	11,230	5,060	9,520	8,860	6,410	5,780	46

（1 第1四半期地区別売上）

4 利用しているデータに適したグラフの候補が表示されるので、

5 作成したいグラフをクリックして、

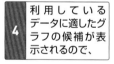

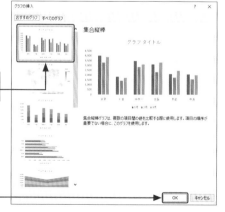

6 ＜OK＞をクリックすると、

7 グラフが作成されます。

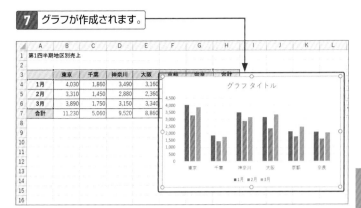

8 ここをクリックして
タイトルを入力し、

9 タイトル以外をクリックすると、
タイトルが確定されます。

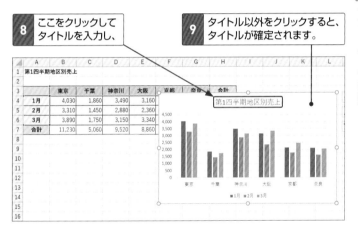

グラフの種類に対応したコマンドを使う

グラフは、<挿入>タブの<グラフ>グループに用意されているコマンドを使って作成することもできます。グラフのもとになるセル範囲を選択して、グラフの種類に対応したコマンドをクリックし、目的のグラフを選択します。

これらのコマンドを使ってもグラフを作成することができます。

グラフの位置やサイズを変更する

グラフは、グラフのもとデータがあるワークシートに表示されますが、ほかのシートやグラフだけのシートに移動することができます。グラフ全体やグラフ要素のサイズを変更することもできます。

1 グラフを移動する

1 グラフエリア（右ページ下のMemo参照）の何もないところをクリックしてグラフを選択し、

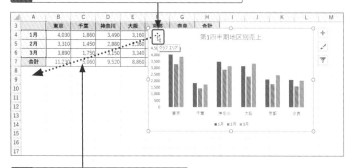

2 移動する場所までドラッグすると、

3 グラフが移動します。

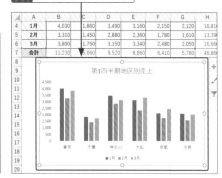

Memo

グラフ要素を移動する

グラフ要素（右ページのMemo参照）も単体で移動することができます。グラフ要素をクリックして、周囲に表示される枠線上にマウスポインターを合わせてドラッグします。

2 グラフのサイズを変更する

1 サイズを変更したい
グラフをクリックします。

2 サイズ変更ハンドルに
マウスポインターを合わせて、

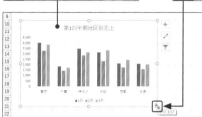

Memo

グラフ要素の
サイズを変更する

グラフタイトルや凡例など、グラフ要素のサイズを変更することもできます。グラフ要素をクリックし、サイズ変更ハンドルをドラッグします。

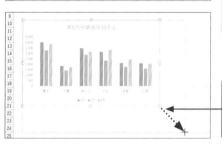

3 変更したい大きさになるまでドラッグすると、グラフのサイズが変更されます。

Memo

グラフの構成要素

グラフを構成する部品のことを「グラフ要素」といいます。それぞれのグラフ要素は、グラフのもとになったデータと関連しています。ここで、各グラフ要素の名称を確認しておきましょう。

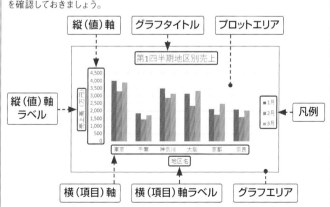

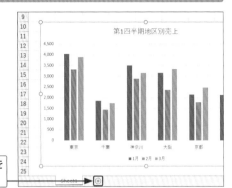

1 <新しいシート>を
クリックして、

2 新しいシートを
作成しておきます。

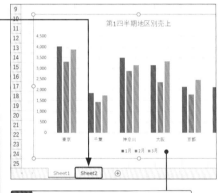

Memo

**ほかのシートに
移動する場合**

グラフをほかのシートに移
動する場合は、移動先の
シートをあらかじめ作成し
ておく必要があります。

3 ほかのシートに移動したいグラフの
グラフエリアをクリックして、

4 <デザイン>タブ (または<グラフ
のデザイン>タブ) をクリックし、

5 <グラフの移動>を
クリックします。

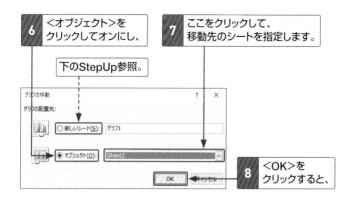

6 <オブジェクト>をクリックしてオンにし、

7 ここをクリックして、移動先のシートを指定します。

下のStepUp参照。

グラフの移動

グラフの配置先:

○ 新しいシート(S): グラフ1

● オブジェクト(O): Sheet2

OK キャンセル

8 <OK>をクリックすると、

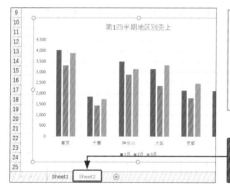

Memo

もとデータの変更はグラフに反映される

グラフのもとになったデータが変更されると、グラフの内容も自動的に変更されます。

9 指定したシートにグラフが移動します。

Sheet1 Sheet2

StepUp

グラフシートの作成

<グラフの移動>ダイアログボックスでグラフの移動先に<新しいシート>を指定すると、指定した名前の新しいシートが作成され、グラフが移動します。この方法で作成したシートは、グラフだけが表示されるグラフシートです。

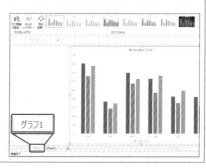

グラフ1

データを並べ替える

データベース形式の表では、データを昇順や降順で並べ替えたり、
五十音順やアルファベット順で並べ替えたりすることができます。
並べ替えを行う際は、基準となるフィールド(列)を指定します。

第8章 グラフ・データの操作

■ データベース形式
  の表とは?

「データベース形式の表」とは、列ごとに同じ種類のデータが入力され、先頭行に列の見出しとなる列ラベル(列見出し)が入力されている一覧表のことです。

	A	B	C	D	E	F
1	名前	所属部署	郵便番号	都道府県	市区町村	電話番号
2	松木 結愛	営業部	274-0825	千葉県	船橋市新野木本町x-x	047-474-0000
3	神木 実子	商品部	101-0051	東京都	千代田区神田神保町x	03-3518-0000
4	長汐 冬実	商品部	104-0032	東京都	中央区八丁堀x-x	03-3552-0000
5	大岐 勇樹	営業部	135-0053	東京都	江東区辰巳x-x-x	03-8502-0000
6	河原田 安芸	営業部	247-0072	神奈川県	鎌倉市岡本xx	03-1234-0000
7	渡部 了輔	経理部	273-0132	千葉県	鎌ヶ谷市南鎌x-xx	047-441-0000
8	芝田 嵩志	商品企画部	259-1217	神奈川県	平塚市長持xx	046-335-0000
9	宝田 卓也	商品部	160-0008	東京都	新宿区三栄町x-x	03-5362-0000
10	横田 真央	人事部	229-0011	神奈川県	相模原区上溝xxx	04-2777-0000
11	宇多 純一	商品部	134-0088	東京都	江戸川区西葛西xx-x	03-5275-0000
12	清水 光一	営業部	145-8502	東京都	品川区西五反田x-x	03-3779-0000
13	飛田 秋生	総務部	156-0045	東京都	世田谷区桜上水xx	03-3329-0000
14	秋田 亜沙美	営業部	157-0072	東京都	世田谷区祖師谷x-x	03-7890-0000
15	仲井 圭	営業部	167-0053	東京都	杉並区西荻窪x-x	03-5678-0000
16	菅野 秋生	営業部	352-0032	埼玉県	新座市新堀xx	0424-50-0000
17	秋月 育人	商品企画部	130-0026	東京都	墨田区両国x-xx	03-5638-0000

列ラベル(列見出し)

レコード
(1件分のデータ)

フィールド
(1列分のデータ)

1 データを昇順や降順で並べ替える

Memo

**データを
並べ替えるには?**

データベース形式の表を並べ替えるには、基準となるフィールドのセルをあらかじめ選択しておく必要があります。

1 並べ替えの基準となるフィールドの
任意のセルをクリックします。

A1	▼	:	×	✓	fx	名前

	A	B	C	D
1	名前	所属部署	郵便番号	都道府県
2	松木 結愛	営業部	274-0825	千葉県	船橋
3	神木 実子	商品部	101-0051	東京都	千代
4	長汐 冬実	商品部	104-0032	東京都	中央
5	大岐 勇樹	営業部	135-0053	東京都	江東

2 <データ>タブをクリックして、

3 <昇順>をクリックすると、

降順に並べ替えるには、<降順>をクリックします。

4 指定したセルを含むフィールドを基準にして、表全体が昇順に並べ替えられます。

	A	B	C	D	
1	名前	所属部署	郵便番号	都道府県	市区
2	秋田 亜沙美	営業部	157-0072	東京都	世田谷区祖
3	秋月 寛人	商品企画部	130-0026	東京都	墨田区両国
4	宇多 純一	商品部	134-0088	東京都	江戸川区西
5	大岐 勇樹	営業部	135-0053	東京都	江東区辰巳
6	神木 実子	商品部	101-0051	東京都	千代田区神
7	河原田 安芸	営業部	247-0072	神奈川県	鎌倉市岡本
8	菅野 秋生	営業部	352-0032	埼玉県	新座市新堀
9	来原 愛子	営業部	252-0318	神奈川県	相模原市鶴
10	佐久間 肇	総務部	180-0000	東京都	武蔵野市吉
11	佐島 峻弥	経理部	274-0825	千葉県	船橋市前原
12	芝田 高志	商品企画部	259-1217	神奈川県	平塚市長持
13	清水 光一	営業部	145-8502	東京都	品川区西五
14	宝田 卓也	商品部	160-0008	東京都	新宿区三栄
15	近松 新一	人事部	162-0811	東京都	新宿区水道
16	飛田 秋生	総務部	156-0045	東京都	世田谷区桜

Hint

昇順と降順の並べ替えのルール

昇順では、0～9、A～Z、日本語の順で、降順では逆の順番で並べ替えられます。

Hint

データが正しく並べ替えられない!

データベース形式の表内のセルが結合されていたり、空白の行や列があったりする場合は、表全体のデータを並べ替えることはできません。並べ替えを行う際は、表内にこのような行や列、セルがないことを確認しておきます。
また、ほかのアプリで作成したファイルのデータをコピーした場合は、ふりがな情報が保存されていないため、正しく並べ替えができないことがあります。

条件に合ったデータを取り出す

データの数が多い表では、目的のデータを探すのに手間がかかります。このような場合は、オートフィルターを利用すると、条件に合ったデータをかんたんに取り出すことができます。

第8章 グラフ・データの操作

1 フィルターを利用してデータを抽出する

Keyword

オートフィルター

「オートフィルター」とは、フィールドの項目を基準として、指定した条件に合ったデータだけを抽出して表示する機能のことです。

Hint

オートフィルターを解除するには?

オートフィルターを解除するには、再度<フィルター>をクリックします。

1 表内のセルをクリックします。

2 <データ>タブをクリックして、

A	B	C	D	E	F	G
日付	商品名	単価	数量	売上高		
1月10日	壁掛けプランター	2,480	5	12,400		
1月11日	水耕栽培キット	6,690	8	53,520		
1月12日	ステップ台	8,900	5	44,500		
1月13日	ガーデニングポーチ	2,450	12	29,400		
1月14日	水耕栽培キット	6,690	10	66,900		
1月15日	ステップ台	8,900	6	53,400		
1月16日	壁掛けプランター	2,480	12	29,760		
1月17日	ガーデニングポーチ	2,450	20	49,000		
1月18日	水耕栽培キット	6,690	15	100,350		
1月19日	ステップ台	8,900	12	106,800		

3 <フィルター>をクリックすると、

4 すべての列ラベルにフィルターボタンが表示され、オートフィルターが利用できるようになります。

A	B	C	D	E	F	G
日付	商品名	単価	数量	売上高		
1月10日	壁掛けプランター	2,480	5	12,400		
1月11日	水耕栽培キット	6,690	8	53,520		
1月12日	ステップ台	8,900	5	44,500		
1月13日	ガーデニングポーチ	2,450	12	29,400		
1月14日	水耕栽培キット	6,690	10	66,900		
1月15日	ステップ台	8,900	6	53,400		
1月16日	壁掛けプランター	2,480	12	29,760		
1月17日	ガーデニングポーチ	2,450	20	49,000		
1月18日	水耕栽培キット	6,690	15	100,350		
1月19日	ステップ台	8,900	12	106,800		
1月20日	ガーデニングポーチ	2,450	24	58,800		
1月21日	壁掛けプランター	2,480	12	29,760		
1月22日	水耕栽培キット	6,690	10	66,900		

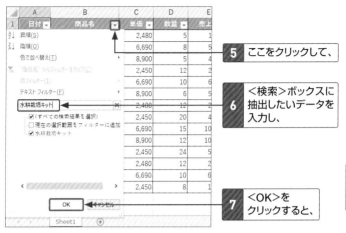

5 ここをクリックして、

6 <検索>ボックスに抽出したいデータを入力し、

7 <OK>をクリックすると、

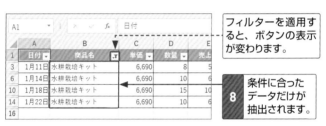

フィルターを適用すると、ボタンの表示が変わります。

8 条件に合ったデータだけが抽出されます。

Hint

フィルターの条件をクリアするには?

データを抽出したあとに、オートフィルターを設定したまま、すべてのデータを表示するには、 ▼ をクリックして、<"商品名"からフィルターをクリア>をクリックします。

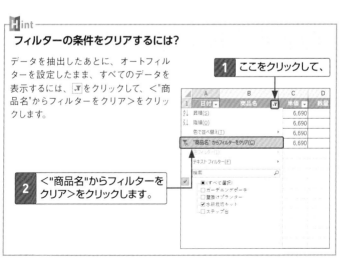

1 ここをクリックして、

2 <"商品名"からフィルターをクリア>をクリックします。

2 複数の条件を指定してデータを抽出する

「単価」が2,000以上4,000以下のデータを抽出します。

1 「単価」のここを
クリックして、

2 <数値フィルター>
にマウスポインター
を合わせ、

3 <指定の範囲内>を
クリックします。

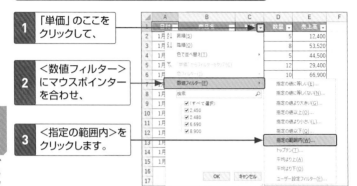

4 ここに「2000」と
入力して、

5 <AND>をクリック
してオンにします。

6 ここに「4000」と
入力して、

7 <OK>をクリックすると、

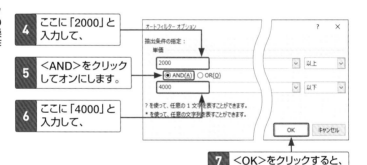

StepUp

**2つの条件を
指定する**

手順5で<OR>をオンに
すると、「8,000以上また
は3,000以下」などの条
件でデータを抽出できま
す。ANDは「かつ」、OR
は「または」と読み替える
とわかりやすいでしょう。

8 「単価」が「2,000以上かつ4,000以下」
のデータが抽出されます。

	A	B	C	D	E	F
1	日付	商品名	単価	数量	売上高	
2	1月10日	壁掛けプランター	2,480	5	12,400	
5	1月13日	ガーデニングポーチ	2,450	12	29,400	
8	1月16日	壁掛けプランター	2,480	12	29,760	
9	1月17日	ガーデニングポーチ	2,450	20	49,000	
12	1月20日	ガーデニングポーチ	2,450	24	58,800	
13	1月21日	壁掛けプランター	2,480	12	29,760	
15	1月23日	ガーデニングポーチ	2,450	8	19,600	
16						

214

第8章 グラフ・データの操作

第9章

PowerPoint 2019の
スライド作成

PowerPointとは?

> マイクロソフトのPowerPointは、グラフや表、アニメーションなどを利用して、視覚に訴える効果的なプレゼンテーション資料を作成することができるアプリケーションです。

1 プレゼンテーション用の資料を作成する

Keyword

プレゼンテーション

「プレゼンテーション」は、企画やアイデアなどの特定のテーマを、相手に伝達する手法のことです。一般的には、伝えたい情報に関する資料を提示し、それに合わせて口頭で発表します。

プレゼンテーションの構成を考える

標準表示モードにすると、
サムネイルを確認しながら
プレゼンテーションを作成できます。

視覚に訴える資料を作成する

Keyword

PowerPoint

PowerPointは、プレゼンテーションの準備から発表までの作業を省力化し、相手に対して効果的なプレゼンテーションを行うためのアプリケーションです。

図やグラフ、表などを
かんたんに作成できます。

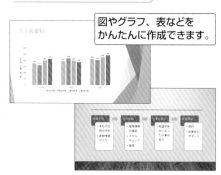

2 プレゼンテーションを実行する

プレゼンテーションで効果的に

Memo

動きのある
プレゼンテーションに

PowerPointでは、画面を切り替えるときや、テキスト、グラフなどを表示させるときに、アニメーションの設定が可能です。動きのあるプレゼンテーションで、参加者の注意をひきつけることができます。

Memo

音楽や動画も
再生できる

PowerPointでは、プレゼンテーション実行時に音楽や動画を再生することもできます。

Memo

プレゼンテーション
実行の操作もかんたん

PowerPointでは、発表者用のツールを使って、かんたんに画面を切り替えたり、テキストを表示させたりすることができます。

217

PowerPointの画面構成

PowerPoint 2019の画面上部には、「リボン」が表示されています。また、左側にはスライドを切り替える「サムネイルウィンドウ」、中央にはスライドを編集する「スライドウィンドウ」が表示されます。

1 PowerPoint 2019の基本的な画面構成

PowerPoint 2019での基本的な作業は、下図の状態の画面で行います。ただし、作業によっては、タブが切り替わったり、必要なタブが新しく表示されたりします。

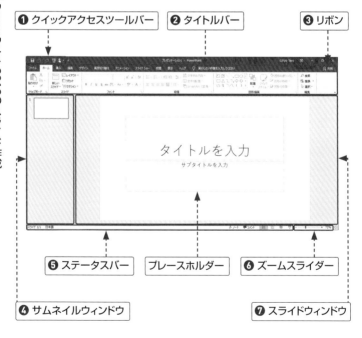

❶ クイックアクセスツールバー　❷ タイトルバー　❸ リボン

❺ ステータスバー　プレースホルダー　❻ ズームスライダー

❹ サムネイルウィンドウ　❼ スライドウィンドウ

名 称	機 能
❶ クイックアクセスツールバー	よく使う機能を1クリックで利用できるボタンです。
❷ タイトルバー	作業中のプレゼンテーションのファイル名が表示されます。
❸ リボン	PowerPoint 2003以前のメニューとツールボタンの代わりになる機能です。コマンドがタブによって分類されています。
❹ サムネイルウィンドウ	スライドの縮小版（サムネイル）が表示される領域です。
❺ ステータスバー	作業中のスライド番号や表示モードの変更ボタンが表示されます。
❻ ズームスライダー	画面の表示倍率を変更できます。
❼ スライドウィンドウ	スライドを編集するための領域です。

2 スライドの表示を切り替える

1	目的のスライドをクリックすると、	2	クリックしたスライドがスライドウィンドウに表示されます。

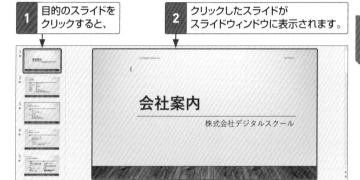

Memo

PowerPoint 2019の表示モード

＜表示＞タブの＜プレゼンテーションの表示＞グループから、プレゼンテーションの表示モードを5種類から切り替えできます。

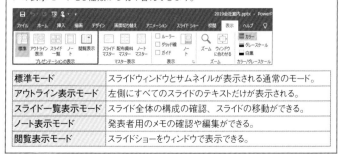

標準モード	スライドウィンドウとサムネイルが表示される通常のモード。
アウトライン表示モード	左側にすべてのスライドのテキストだけが表示される。
スライド一覧表示モード	スライド全体の構成の確認、スライドの移動ができる。
ノート表示モード	発表者用のメモの確認や編集ができる。
閲覧表示モード	スライドショーをウィンドウで表示できる。

新しいプレゼンテーション を作成する

PowerPointの基本的な操作を覚えたら、プレゼンテーションを作成してみましょう。このセクションでは、プレゼンテーションの新規作成とデザインの選択方法について解説します。

1 テーマを選択する

Keyword

テーマ

「テーマ」は、スライドのデザインをかんたんに整えることのできる機能です。テーマはあとから変更することができます（第9章 Sec.09参照）。

1 PowerPointを起動して、

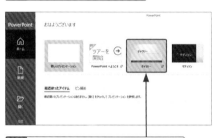

2 テーマ（ここでは <ギャラリー>）をクリックします。

2 バリエーションを選択する

Keyword

バリエーション

テーマには、カラーや画像などのデザインが異なる「バリエーション」があります。バリエーションもあとから変更することができます（P.237のHint参照）。

1 バリエーションをクリックして、

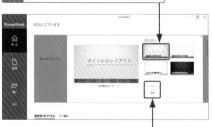

2 <作成>をクリックすると、

3 新しいプレゼンテーションが作成されます。

Hint

起動後に新しく作成するには?

すでにPowerPointを起動している場合に新規プレゼンテーションを作成するには、<ファイル>タブをクリックして、<新規>をクリックし、テーマを選択します。左ページ下の手順**1**の画面が表示されたら、バリエーションを選択し、<作成>をクリックします。

Hint

スライドを縦向きにするには?

スライドを縦向きに変更するには、<デザイン>タブの<スライドのサイズ>をクリックし、<ユーザー設定のスライドのサイズ>をクリックします。<スライドのサイズ>ダイアログボックスが表示されるので、<スライド>の<縦>をクリックし、<OK>をクリックします。

Hint

スライドの縦横比を変更するには?

スライドは、標準ではワイド画面対応の16:9の縦横比で作成されます。スライドの縦横比を4:3に変更したい場合は、<デザイン>タブの<スライドのサイズ>をクリックし、<標準(4:3)>をクリックします。右のような図が表示された場合は、<最大化>または<サイズに合わせて調整>をクリックします。

新しいスライドを追加する

タイトルスライドを作成したら、新しいスライドを追加します。スライドには、さまざまなレイアウトが用意されており、追加するときにレイアウトを選択したり、あとから変更したりできます。

1 新しいスライドを挿入する

第9章 PowerPoint 2019のスライド作成

Memo

レイアウトの種類

手順**3**で表示されるレイアウトの種類は、プレゼンテーションに設定しているテーマ（P.220参照）によって異なります。

Keyword

コンテンツ

「コンテンツ」とは、スライドに配置するテキスト、表、グラフ、SmartArt、図、ビデオのことです。手順**4**でコンテンツを含むレイアウトを選択すると、コンテンツを挿入できるプレースホルダーがあらかじめ配置されているスライドが挿入されます。

> **1** サムネイルウィンドウで、スライドを追加したい位置の前にあるスライドをクリックし、

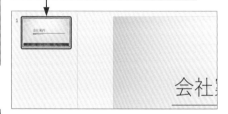

> **2** <ホーム>タブをクリックして、

> **3** <新しいスライド>のここをクリックし、

> **4** 目的のレイアウト（ここでは<2つのコンテンツ>）をクリックすると、

5 選択したレイアウトのスライドが挿入されます。

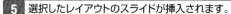

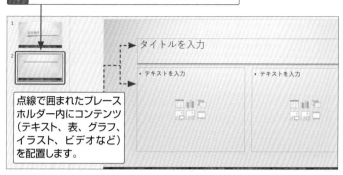

点線で囲まれたプレース
ホルダー内にコンテンツ
(テキスト、表、グラフ、
イラスト、ビデオなど)
を配置します。

2 スライドのレイアウトを変更する

1 目的のスライドをクリックして、

2 <ホーム>タブを
クリックし、

3 <レイアウト>を
クリックして、

4 目的のレイアウト
(ここでは
<タイトルと
コンテンツ>)を
クリックすると、

5 レイアウトが
変更されます。

スライドに文字を入力する

スライドを追加したら、スライドにタイトルとテキストを入力します。ここでは、P.223でレイアウトを変更した<タイトルとコンテンツ>のスライドに入力していきます。

1 スライドのタイトルを入力する

Memo

スライドのタイトルの入力

「タイトルを入力」と表示されているプレースホルダーには、そのスライドのタイトルを入力します。プレースホルダーをクリックすると、カーソルが表示されるので、文字列を入力します。

1 タイトル用のプレースホルダーの内側をクリックすると、

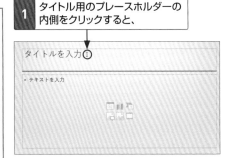

2 プレースホルダー内にカーソルが表示されるので、

3 スライドのタイトルを入力します。

2 スライドのテキストを入力する

1 文字列を入力し、

2 Tab を押すと、

会社概要
・会社名

Memo
テキストの入力

「テキストを入力」と表示されているプレースホルダーには、そのスライドの内容となるテキストを入力します。プレゼンテーションに設定されているテーマによっては、行頭に●や■などの箇条書きの行頭記号が付く場合があります。この行頭記号はWordと同じ操作によって変更できます（第2章Sec.18参照）。

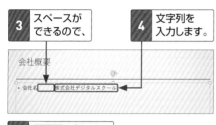

3 スペースができるので、

4 文字列を入力します。

会社概要
・会社名　　株式会社デジタルスクール

5 Enter を押すと、

会社概要
・会社名　　株式会社デジタルスクール

6 段落が変わるので、

Memo
タブの利用

Tab を押すとスペースができます。手順 **3** の画面のように、項目名と内容を同じ行に入力したい場合、タブを使ってスペースをつくり、タブの位置を調整することで、内容の左端を揃えることができます。

7 同様に文字列を入力し、

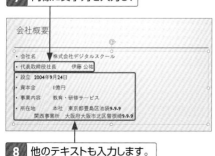

会社概要
・会社名　　株式会社デジタルスクール
・代表取締役社長　　伊藤 公祐
・設立　2004年9月24日
・資本金　　1億円
・事業内容　　教育・研修サービス
・所在地　　本社　東京都豊島区池袋9-9-9
　　　　　　関西事業所　大阪府大阪市北区曽根崎9-9-9

8 他のテキストも入力します。

Hint
段落を変えずに改行するには？

目的の位置にカーソルを移動して、Shift を押しながら Enter を押すと、段落を変えずに改行することができます。

スライドの順番を入れ替える

スライドはあとから順番を入れ替えることができます。スライドの順番を変更するには、標準表示モードの左側のサムネイルウィンドウかスライド一覧表示モードを利用します。

1 サムネイルウィンドウでスライドの順番を変更する

Hint

複数のスライドを移動するには?

複数のスライドをまとめて移動するには、左側のサムネイルウィンドウで Ctrl を押しながら目的のスライドをクリックして選択し、目的の位置までドラッグします。

1 目的のスライドのサムネイルにマウスポインターを合わせ、

2 目的の位置までドラッグすると、

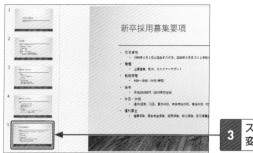

3 スライドの順番が変更されます。

2 スライド一覧表示モードでスライドの順番を変更する

1 スライド一覧表示モードに切り替えて（P.219のMemo参照）、

2 目的のスライドにマウスポインターを合わせ、

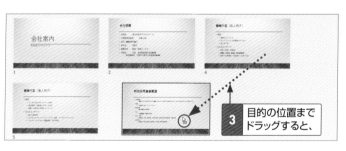

3 目的の位置までドラッグすると、

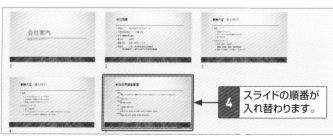

4 スライドの順番が入れ替わります。

スライドを複製する／コピーする／削除する

似た内容のスライドを複数作成する場合は、スライドの複製を利用すると、効率的に作業できます。また、スライドが不要になった場合は削除します。

1 プレゼンテーション内のスライドを複製する

Memo

スライドの複製

同じプレゼンテーションのスライドをコピーしたい場合は、スライドの複製を利用します。なお、手順**4**で＜複製＞をクリックした場合は、手順**4**のあとすぐに新しいスライドが作成されるのに対し、＜コピー＞をクリックした場合は＜貼り付け＞をクリックするまでスライドが作成されません。

1 目的のスライドのサムネイルをクリックして選択し、

2 ＜ホーム＞タブをクリックして、

3 ＜コピー＞のここをクリックし、

Memo

＜新しいスライド＞の利用

複製するスライドを選択し、＜ホーム＞（または＜挿入＞）タブの＜新しいスライド＞をクリックして、＜選択したスライドの複製＞をクリックしても、スライドを複製できます。

4 ＜複製＞をクリックすると、

> **5** スライドが複製されます。

2 ほかのプレゼンテーションのスライドをコピーする

> **1** コピーするスライドの
> サムネイルをクリックして選択し、

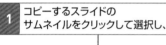

Memo

スライドのコピー

左の手順では、他のプレゼンテーションのスライドをコピーして貼り付けていますが、同じプレゼンテーションのスライドをコピーして貼り付けることもできます。

> **2** <ホーム>タブをクリックして、

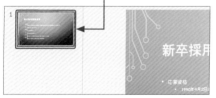

> **3** <コピー>をクリックします。

Memo

**貼り付け先の
テーマが適用される**

手順**7**で<貼り付け>の
アイコン部分をクリック
すると、貼り付けたスライ
ドには、貼り付け先のテー
マが適用されます。また、
貼り付けたあとに表示
される<貼り付けのオプ
ション>をクリック
すると、貼り付けたスライ
ドの書式を、<貼り付け
先のテーマを使用>、<元
の書式を保持>、<図>
の3種類から選択できま
す。

4 貼り付け先の
プレゼンテーションを開いて、

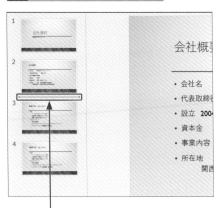

会社概要

・会社名
・代表取締役
・設立 200
・資本金
・事業内容
・所在地
　　　関西

5 貼り付ける場所をクリックし、

6 <ホーム>タブを
クリックして、

7 <貼り付け>の
ここを
クリックすると、

8 スライドが
貼り付けられます。

上の「Memo」参照。

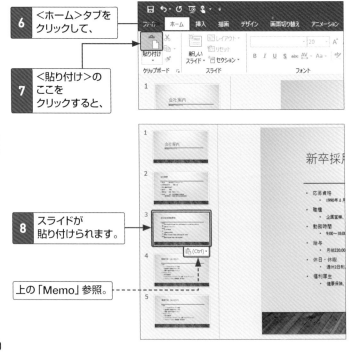

3 不要なスライドを削除する

1 削除するスライドのサムネイルを
クリックして選択し、

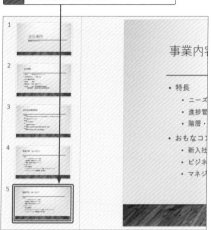

2 Delete を押すと、

3 スライドが削除されます。

Memo

ショートカット
メニューの利用

目的のスライドを右クリックして、<スライドの削除>をクリックしても、スライドを削除できます。

StepUp

複数のスライドを
削除する

標準表示モードの左側のサムネイルウィンドウや、スライド一覧表示モードでは、複数のスライドを選択し、まとめて削除することができます。連続するスライドを選択するには、先頭のスライドをクリックして、Shift を押しながら末尾のスライドをクリックします。離れた位置にある複数のスライドを選択するには、Ctrl を押しながらスライドをクリックしていきます。

第9章 PowerPoint 2019のスライド作成

231

フォントの設定を変更する

テキストは、フォントの種類や文字のサイズを変更して、見やすくすることができます。また、文字の色を変更したり、文字飾りを設定したりして、強調したい部分を目立たせることもできます。

1 フォントを変更する

Memo

文字列の選択

手順1のようにプレースホルダーを選択すると、プレースホルダー全体の文字列の書式を変更することができます。また、文字列をドラッグして選択すると、選択した文字列のみの書式を変更することができます。

Memo

フォントの種類はテーマによって異なる

あらかじめ見出しと本文に設定されているフォントの種類は、テーマによって異なります。

1 プレースホルダーの枠線をクリックして選択し、

会社案内

2 <ホーム>タブをクリックして、

3 <フォント>のここをクリックし、

4 目的のフォントをクリックすると、

5 フォントが変更されます。

会社案内

2 フォントサイズを変更する

1 プレースホルダーの枠線をクリックして選択し、

2 <ホーム>タブをクリックして、

3 <フォントサイズ>のここをクリックし、

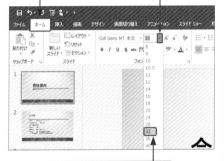

4 目的のフォントサイズをクリックすると、

5 フォントサイズが変更されます。

Memo

フォントサイズの変更

<ホーム>タブの<フォントサイズ>では、8ポイントから96ポイントまでのサイズの中から選択できます。また、<フォントサイズ>のボックスに直接数値を入力し、Enterを押しても、フォントサイズを指定できます。

StepUp

プレゼンテーション全体の書式の変更

プレゼンテーションのすべてのスライドタイトルや本文のフォントの種類、フォントサイズを変更したい場合は、スライドを1枚1枚編集するのではなく、スライドマスターを変更すると効率的です(P.240参照)。

StepUp

スタイルの設定

文字列の強調などを目的として、「太字」や「斜体」、「下線」などを設定することができますが、これは文字書式の一種で「スタイル」と呼ばれます。スタイルの設定は、<ホーム>タブの<太字>B、<斜体>I、<下線>U、<文字の影>S、<取り消し線>abcで行えます。

3 フォントの色を変更する

Memo

フォントの色の変更

フォントの色は、<ホーム>タブの<フォントの色>▲・の・をクリックして表示されるパネルで,指定します。なお、文字列を選択して<フォントの色>▲・の▲をクリックすると、直前に選択した色を繰り返し設定することができます。

1 プレースホルダーの枠線をクリックして選択し、

会社案内

2 <ホーム>タブをクリックして、

3 <フォントの色>のここをクリックし、

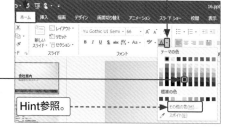

4 目的の色をクリックすると、

Hint参照。

5 フォントの色が変更されます。

会社案内

株式会社デジタルスクール

Hint

そのほかのフォントの色を設定するには?

<フォントの色>の▲・の・をクリックすると表示されるパネルには、スライドに設定されたテーマの配色と、標準の色10色だけが用意されています。そのほかの色を設定するには、手順**4**で<その他の色>をクリックして<色の設定>ダイアログボックス（右図参照）を表示し、目的の色を選択します。

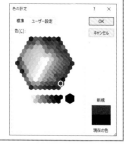

234

4 段落の配置を変更する

1 プレースホルダーの枠線をクリックして選択し、

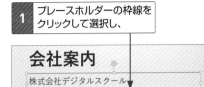

2 <ホーム>タブをクリックして、

3 <右揃え>をクリックすると、

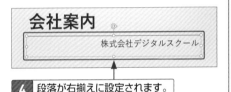

4 段落が右揃えに設定されます。

Memo

段落の配置の設定

段落の配置は、<ホーム>タブに用意されている<左揃え>≡、<中央揃え>≡、<右揃え>≡、<両端揃え>≡、<均等割り付け>≡を利用して、段落単位で設定できます。

StepUp

行の間隔の変更

行の間隔を変更するには、目的の段落をドラッグして選択し、<ホーム>タブの<行間>≡をクリックして、目的の数値をクリックします。

StepUp

<フォント>ダイアログボックスの利用

フォントの種類や文字のサイズなどの書式をまとめて設定するには、<ホーム>タブの<フォント>グループのダイアログボックス起動ツール[□]をクリックして<フォント>ダイアログボックスを表示します。ここでは、下線のスタイルや色、上付き文字など、<ホーム>タブにない書式も設定することができます。

フォント		? ×

フォント(N) / 文字幅と間隔(R)

英数字用のフォント(F): (日本語用のフォントを使用)
スタイル(Y): 標準
サイズ(S): 66

日本語用のフォント(T): Yu Gothic UI Semibold

すべてのテキスト
フォントの色(C) △▼ 下線のスタイル(U) (なし) 下線の色(I) △▼

文字飾り
□ 取り消し線(K) □ 小型英大文字(M)
□ 二重取り消し線(L) ☑ すべて大文字(A)
□ 上付き(P) 相対位置(E): 0% □ 文字の高さを揃える(Q)
□ 下付き(B)

OK キャンセル

スライドのテーマを変更する

プレゼンテーションに設定されているテーマを変更すると、スライドのデザインが変更され、プレゼンテーションのイメージを一新することができます。

1 テーマを変更する

Hint

白紙のテーマを適用するには?

画像などが使用されていない白紙のテーマを適用したい場合は、手順 **3** で左上にある<Officeテーマ>をクリックします。テーマをポイントすると、そのテーマの名前がポップアップ表示されます。

1 <デザイン>タブをクリックして、

2 <テーマ>グループのここをクリックし、

Memo

特定のスライドのみテーマを変える

選択しているスライドのみのテーマを変更するには、手順 **3** の画面で目的のテーマを右クリックし、<選択したスライドに適用>をクリックします。

3 目的のテーマをクリックすると、

4 スライドのテーマが変更されます。

Memo

配色が変更される

テーマを変更すると、プレゼンテーションの配色も変更され、スライド上のテキストや図形の色が変更されます。ただし、テーマにあらかじめ設定されている配色以外の色を設定しているテキストや図形の色は変更されません。

Hint

バリエーションを変更するには?

各テーマには、背景の画像や配色などが異なる「バリエーション」が用意されています。すべてのスライドのバリエーションを変更するには、<デザイン>タブの<バリエーション>グループから、目的のバリエーションをクリックします。また、選択しているスライドのみのバリエーションを変更する場合は、<デザイン>タブの<バリエーション>グループで目的のバリエーションを右クリックし、<選択したスライドに適用>をクリックします。

1 <デザイン>タブをクリックして、

2 目的のバリエーションをクリックします。

2 配色を変更する

1 <デザイン>タブをクリックして、

2 <バリエーション>グループのここをクリックし、

3 <配色>をポイントして、

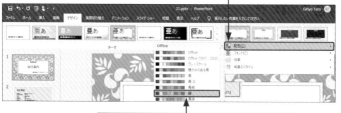

4 目的の配色パターンをクリックすると、

5 配色が変更されます。

─ **H**int ─

効果やフォントを変更するには?

配色と同様、図形などの効果やフォントパターンも、まとめて変更することができます。その場合は、手順**3**の画面で<効果>または<フォント>をポイントし、目的の効果やフォントパターンをクリックします。

StepUp

配色パターンを自分で作成するには?

配色パターンは、自分で自由に色を組み合わせてオリジナルのものを作成することができます。その場合は、左ページの手順**3**のあと、<色のカスタマイズ>をクリックすると、右図が表示されるので、色を設定して、配色パターンの名前を入力し、<保存>をクリックします。

1 クリックして色を設定し、

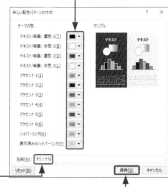

2 配色パターンの名前を入力して、

3 <保存>をクリックします。

StepUp

背景のスタイルを変更するには?

左ページの手順**3**の画面で、<背景のスタイル>をポイントすると、背景の色やグラデーションなどを変更することができます(下図参照)。背景のスタイルの一覧に、目的の背景のスタイルがない場合は、<背景の書式設定>をクリックします。<背景の書式設定>作業ウィンドウが表示されるので、塗りつぶしの色やグラデーションの色、画像などを設定することができます。

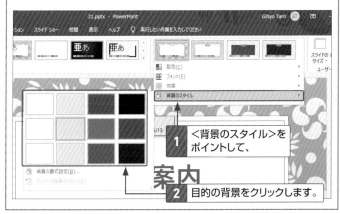

1 <背景のスタイル>をポイントして、

2 目的の背景をクリックします。

239

スライドマスターでプレゼンテーション全体の書式を変更する

「スライドマスター」とは、プレースホルダーの位置やサイズ、フォントなど、プレゼンテーション全体の書式を設定するテンプレート（ひな形）のことです。スライドマスターを変更すると、すべてのスライドに変更が反映されます。スライドマスターを表示するには、＜表示＞タブの＜スライドマスター＞をクリックします。

1 上記の手順でスライドマスターを表示して、＜スライドマスター＞をクリックし、

2 スライドタイトルの書式を変更して、

3 ＜スライドマスター＞タブの＜マスター表示を閉じる＞をクリックすると、

4 スライドの編集画面に戻り、書式が変更されていることを確認できます。

第**10**章

図形・画像・表の挿入

線や図形を描く

図形描画機能を利用すると、四角形や線などの基本的な図形だけでなく、星や吹き出しなどの複雑な図形をかんたんに描くことができます。＜ホーム＞タブまたは＜挿入＞タブを利用します。

1 図形を描く

1 ＜挿入＞タブをクリックして、

2 ＜図形＞をクリックし、

Memo

図形の作成

図形は、＜ホーム＞タブの＜図形描画＞グループからも、同様の手順で作成できます。なお、作成される図形の塗りつぶしや枠線の色は、プレゼンテーションに設定しているテーマやバリエーションによって異なります。

3 目的の図形 (ここでは＜正方形/長方形＞) をクリックして、

4 スライド上をドラッグすると、

Hint

正方形や正円を描くには?

スライド上を Shift を押しながらドラッグすると、縦横の比率を変えずに、目的の大きさで図形を作成できます。

5 選択した図形が、目的の大きさで作成されます。

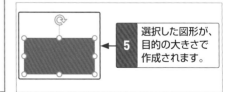

2 直線を描く

1 <挿入>タブをクリックして、

2 <図形>をクリックし、

3 <線>をクリックして、

Memo

直線の描画

直線を描く際、Shiftを押しながらドラッグすると、水平・垂直・45度の直線を描くことができます。

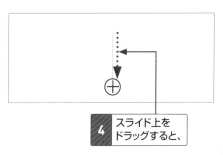

4 スライド上をドラッグすると、

Hint

矢印を描くには?

手順**3**で<線矢印>、<線矢印:双方向>をクリックすると、矢印を描くことができます。

Hint

図形を削除するには?

図形を削除するには、対象の図形をクリックして選択し、Deleteまたは BackSpace を押します。

5 直線が描けます。

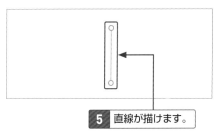

StepUp

同じ図形を続けて作成するには?

手順**3**で目的の図形を右クリックして、<描画モードのロック>をクリックすると、同じ種類の図形を続けて作成することができます。図形の作成が終わったら、Escを押すとマウスポインターがもとの形に戻り、連続作成が解除されます。

3 曲線を描く

1 <挿入>タブをクリックして、

2 <図形>をクリックし、

3 <曲線>を
クリックします。

4 始点をクリックして、

5 曲げる位置でクリックし、

6 終点でダブルクリックすると、

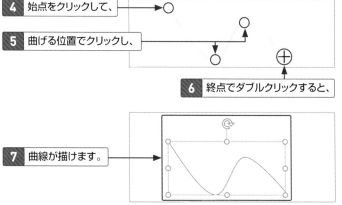

7 曲線が描けます。

StepUp

図形の線の太さや色を変更する

図形を選択すると表示される<図形の書式>タ
ブの<図形の枠線>を利用すると、図形の線の
太さや色、スタイルを変更できます。

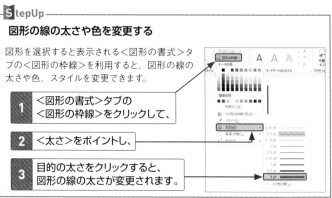

1 <図形の書式>タブの
<図形の枠線>をクリックして、

2 <太さ>をポイントし、

3 目的の太さをクリックすると、
図形の線の太さが変更されます。

4 2つの図形を連結する

1 2つの図形を作成しておきます。

Memo

図形をコネクタで結合する

「コネクタ」とは、複数の図形を結合する線のことです。これを利用して「フローチャート」などを作成することができます。コネクタで結合された2つの図形は、どちらか一方を移動しても、コネクタが伸び縮みして、結合部分は切り離されません。

2 <挿入>タブをクリックして、

3 <図形>をクリックし、

4 コネクタの種類(ここでは<コネクタ:カギ線>)をクリックします。

5 マウスポインターを図形に近づけると、結合点が表示されるので、マウスポインターを合わせてドラッグし、

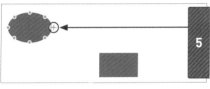

6 もう1つの図形にマウスポインターを移動し、結合点でマウスのボタンを離すと、

7 2つの図形がコネクタで結合されます。

Memo

結合点の表示

コネクタの種類を選択したあとで、マウスポインターを図形に近づけると、コネクタで連結できる位置に、自動的に結合点が表示されます。

図形を移動する／
コピーする／編集する

作成した図形は、ドラッグして移動・コピーできます。また、図形を選択すると、周囲にさまざまなハンドルが表示されるので、ドラッグして大きさや形を変更したり、回転したりできます。

1 図形を移動する

1 マウスポインターを図形に合わせると、形が ⊹ に変わるので、

2 目的の位置までドラッグすると、

Memo

図形の移動

Shift を押しながらドラッグすると、図形を水平・垂直方向に移動できます。右の手順のほかに、図形を選択して、← → ↑ ↓ を押しても図形を移動することができます。

3 図形が移動します。

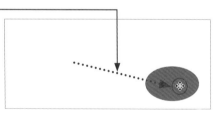

Memo

コマンドの利用

図形を選択して<ホーム>タブの<切り取り>をクリックし、<貼り付け>の 🖭 をクリックしても、図形を移動することができます。貼り付ける前に移動先のスライドを選択すると、選択したスライドに図形が移動します。

2 図形をコピーする

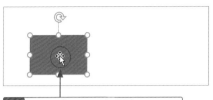

1 マウスポインターを図形に合わせると、形が 🔸 に変わるので、

Memo

図形のコピー

Shift と Ctrl を同時に押しながらドラッグすると、水平・垂直方向に図形のコピーを作成することができます。

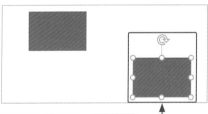

2 Ctrl を押しながら目的の位置までドラッグすると、

3 コピーが作成されます。

Memo

コマンドの利用

図形を選択して<ホーム>タブの<コピー>をクリックし、<貼り付け>の 📋 をクリックしても、図形をコピーすることができます。貼り付ける前に移動先のスライドを選択すると、選択したスライドに図形がコピーされます。

第10章 図形・画像・表の挿入

StepUp

図形が重なる順番を変更する

複数ある図形の重なりの順番を変更するには、目的の図形を右クリックして、表示されたメニューの<最前面へ移動>の右にある「>」をポイントします。表示されるサブメニューの<最前面へ移動>または<前面へ移動>をクリックすると、図形の重なり順を上にできます。同じメニューで<最背面へ移動>の「>」をポイントし、表示される<最背面へ移動>または<背面へ移動>をクリックすると、図形の重なり順を下にできます。

3 図形の大きさを変更する

Memo

図形の大きさの変更

図形をクリックして選択すると周りに表示される白いハンドル○にマウスポインターを合わせると、マウスポインターの形が↕⟷↖↗に変わります。この状態でドラッグすると、図形のサイズを変更することができます。

1 図形をクリックして選択し、

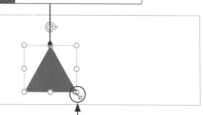

2 マウスポインターを白いハンドルに合わせると、形が↖に変わるので、

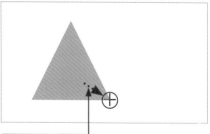

Hint

縦横比を変えずに大きさを変更するには？

[Shift]を押しながら四隅の白いハンドル○をドラッグすると、縦横比を変えずに図形の大きさを変更することができます。

3 ドラッグすると、

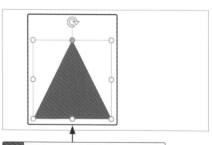

4 図形の大きさが変更されます。

StepUp

サイズを指定して図形の大きさを変更する

サイズを指定して図形の大きさを変更する場合は、図形を選択し、＜図形の書式＞タブの＜サイズ＞グループにある＜図形の高さ＞と＜図形の幅＞に、それぞれ数値を入力します。

4 図形の形状を変更する

1 図形をクリックして選択し、

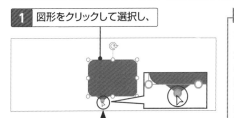

2 マウスポインターを
オレンジ色のハンドルに合わせると、
形が▷に変わるので、

3 ドラッグすると、

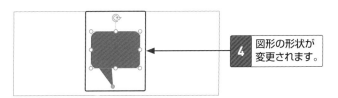

4 図形の形状が
変更されます。

5 図形を回転する

1 図形をクリックして選択し、

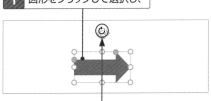

2 マウスポインターを矢印のハンドルに
合わせると、形が↻に変わるので、

Memo

ドラッグして図形を回転する

図形を回転させるには、矢印のハンドル ⟳ にマウスポインターを合わせてドラッグします。図形は、図形の中心を基準に回転します。また、Shift を押しながら矢印のハンドル ⟳ をドラッグすると、15度ずつ回転させることができます。

3 ドラッグすると、

4 図形が回転します。

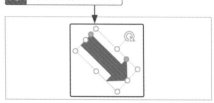

6 図形を反転する

Memo

図形の反転

図形を選択して、<図形の書式>タブの<回転>をクリックし、<上下反転>をクリックすると上下に、<左右反転>をクリックすると左右に、それぞれ反転できます。

1 図形をクリックして選択し、

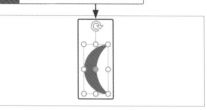

2 <図形の書式>タブをクリックして、

3 <回転>をクリックし、

4 <左右反転>をクリックすると、

5 図形が左右に反転します。

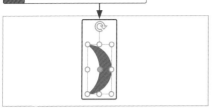

複数の図形をグループ化する

複数の図形をグループ化すると、1つの図形として扱われるようになります。グループ化した図形をクリックすると全体が選択されて、まとめて移動や変形ができます。グループ化を解除するには、グループ化した図形を右クリックして、表示されたメニューの<グループ解除>をクリックします。

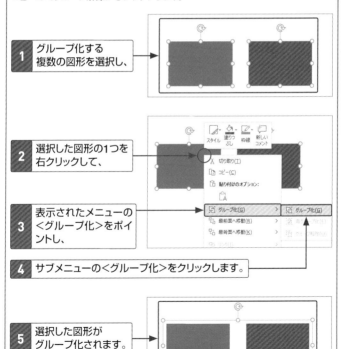

1 グループ化する
複数の図形を選択し、

2 選択した図形の1つを
右クリックして、

3 表示されたメニューの
<グループ化>をポイントし、

4 サブメニューの<グループ化>をクリックします。

5 選択した図形が
グループ化されます。

251

図形の色を変更する

図形の塗りつぶしと枠線は、それぞれ自由に色を設定することができます。また、あらかじめ用意されているスタイルを設定したり、面取りや3-D回転などの効果を適用したりすることもできます。

1 図形の塗りつぶしの色を変更する

Hint

線の色を変更するには?

直線や曲線、図形の枠線の色を変更するには、<図形の書式>タブの<図形の枠線>をクリックすると表示されるパレットから、目的の色をクリックします。

1 図形をクリックして選択し、

2 <図形の書式>タブをクリックして、

3 <図形の塗りつぶし>をクリックし、

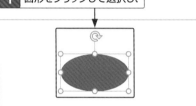

Hint

図形を透明にするには?

図形の塗りつぶしの色を透明にするには、手順**4**で<塗りつぶしなし>をクリックします。

4 目的の色をクリックすると、

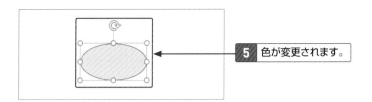

5 色が変更されます。

第10章 図形・画像・表の挿入

253

図形の中に文字を入力する

四角形やブロック矢印、吹き出しなどの図形には、文字列を入力することができます。また、テキストボックスを利用すると、スライド上の自由な位置に、文字列を配置することができます。

1 作成した図形に文字列を入力する

1 図形をクリックして選択し、

Hint

文字列の書式を設定するには?

文字の色やサイズ、文字飾りなどの書式は、第9章Sec.08と同様の手順で設定できます。

2 文字列を入力します。

お客様の声

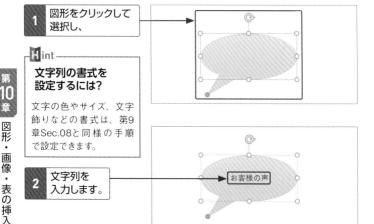

2 テキストボックスを作成して文字列を入力する

1 <挿入>タブをクリックして、

2 <テキストボックス>をクリックし、

3 <横書きテキストボックスの描画>をクリックします。

4 スライド上をクリックすると、

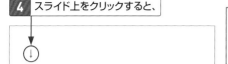

Memo

テキストボックスの作成

プレースホルダーとは関係なく、スライドに文字列を追加したい場合は、テキストボックスを利用します。テキストボックスは、テキスト入力用に書式が設定された図形です。

5 テキストボックスが作成されるので、

6 文字列を入力します。

StepUp

テキストボックスの書式を変更する

テキストボックス内の余白や、文字列の垂直方向の配置などを設定するには、テキストボックスを選択し、<図形の書式>タブの<図形のスタイル>グループのダイアログボックス起動ツール 🔽 をクリックします。<図形の書式設定>作業ウィンドウが表示されるので、<文字のオプション>をクリックして、<テキストボックス> 🔲 をクリックし、目的の項目を設定します。

1 <文字のオプション>をクリックして、

2 <テキストボックス>をクリックし、

3 書式を設定します。

SmartArtで図形を作成する

「SmartArt」を利用すると、あらかじめ用意されたテンプレートを利用して、デザインされたワークフローや階層構造、マトリックスなどを示す図をすばやく作成することができます。

1 SmartArtを挿入する

1 SmartArtを挿入する
スライドを表示して、

2 プレースホルダーの<SmartArt
グラフィックの挿入>をクリックし、

派遣スタッフ登録の流れ

• テキストを入力

3 <Smartartグラフィックの選択>ダイアログボックスでカテゴリをクリックして、

4 目的のレイアウトをクリックし、

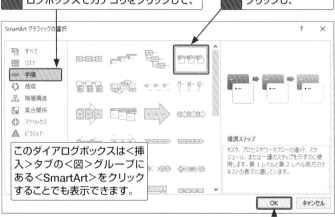

SmartArt グラフィックの選択

- すべて
- リスト
- 手順
- 循環
- 階層構造
- 集合関係
- マトリックス
- ピラミッド

このダイアログボックスは<挿入>タブの<図>グループにある<SmartArt>をクリックすることでも表示できます。

強調ステップ
タスク、プロセスやワークフローの進行、スケジュール、または一連のステップを示すのに使用します。第1レベルと第2レベル両方のテキストの表示に適しています。

OK   キャンセル

5 <OK>をクリックすると、

第10章 図形・画像・表の挿入

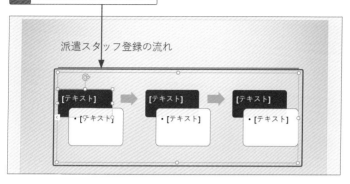

6 SmartArtが挿入されます。

派遣スタッフ登録の流れ

[テキスト] [テキスト] [テキスト]
• [テキスト] • [テキスト] • [テキスト]

2 SmartArtに文字列を入力する

1 文字列を入力する図形をクリックして選択し、

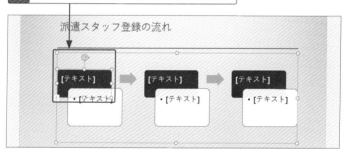

派遣スタッフ登録の流れ

[テキスト] [テキスト] [テキスト]
• [テキスト] • [テキスト] • [テキスト]

Memo

テーマによってSmartArtの色は異なる

SmartArtの図形や文字の色は、設定されたテーマやバリエーションによって異なります（第9章Sec.09参照）。図形を右クリックして＜図形の書式設定＞をクリックすると、＜図形の書式設定＞作業ウインドウで図形や文字の色を変更できます。

Hint

SmartArtのレイアウトを変更するには?

SmartArtのレイアウトをあとから変更するには、SmartArtをクリックして選択し、＜SmartArtのデザイン＞タブの＜レイアウト＞グループで目的のレイアウトをクリックします。＜その他のレイアウト＞をクリックすると、左ページの手順**3**の画面が表示されるので、目的のレイアウトをクリックします。

2 文字列を入力します。

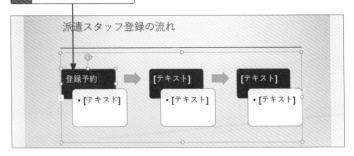

3 ほかの図形も同様に文字列を入力します。

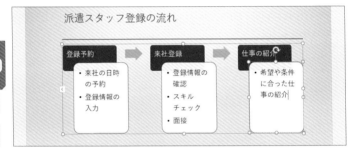

3 図形を追加する

Keyword

レベル

SmartArtのレイアウトによっては、階層構造を示す「レベル」が図形に設定されています。

1 図形を追加する部分をクリックして選択し、

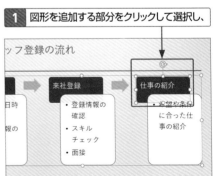

258

2 <SmartArtのデザイン>タブの
<図形の追加>のここをクリックして、

3 <後に図形を追加>をクリックすると、

4 選択した図形の右側に、同じレベルの図形が追加されます。

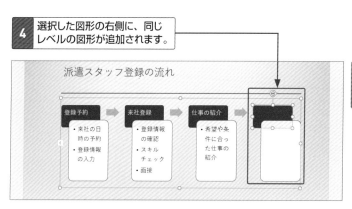

Hint

レベルの異なる図形を追加するには?

レベルの異なる図形を追加するには、図形をクリックして選択し、<SmartArtのデザイン>タブの<図形の追加>の▼をクリックし、<上に図形を追加>または<下に図形を追加>をクリックします。

Hint

図形のレベルを変更するには?

図形のレベルを変更するには、図形をクリックして選択し、<SmartArtのデザイン>タブの<レベル上げ>または<レベル下げ>をクリックします。

画像やビデオを挿入する

スライドには、デジタルカメラで撮影した写真や、グラフィックス
ソフトで作成したイラストなど、さまざまな画像を挿入できます。
また、ビデオカメラで撮影したビデオを挿入することも可能です。

1 パソコンに保存されている画像を挿入する

Memo

タブから挿入する

<挿入>タブの<画像>
グループにある<画像>
をクリックすることでも、
手順**2**の<図の挿入>ダ
イアログボックスを表示で
きます。

StepUp

**オンライン画像を
挿入する**

インターネットで検索した
画像を挿入するには、プ
レースホルダーの<オンラ
イン画像>アイコンや<挿
入>タブの<オンライン画
像>をクリックします。ボッ
クスにキーワードを入力し、
Enter を押すと、検索結
果が表示されます。目的
の画像をクリックし、<挿
入>をクリックすると、ス
ライドの画像が挿入されま
す。なお、Web上の画像
をプレゼンテーションに利
用する際は、著作権に注
意しましょう。

1 画像を挿入するスライドを表示し、プレー
スホルダーの<図>をクリックして、

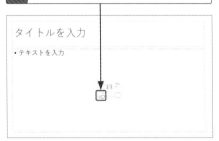

2 画像が保存されている
場所を指定し、

3 目的の画像ファイルをクリックして、

4 <挿入>をクリックすると、

第10章　図形・画像・表の挿入

5 画像が挿入されます。

タイトルを入力

Memo

<挿入>タブの利用

<挿入>タブの<画像>をクリックしても、<図の挿入>ダイアログボックスが表示され、画像を挿入することができます。

2 スクリーンショットを挿入する

1 スクリーンショットに使用する
ウィンドウを開いて、

Memo

**ウィンドウは
開いておく**

スライドにパソコン画面のスクリーンショットを挿入するときは、あらかじめスクリーンショットに使用するウィンドウを開いておきます。なお、この方法では、Microsoft Edgeや「天気」などのストアアプリのスクリーンショットは挿入できません。

2 PowerPointの
<挿入>タブをクリックし、

3 <スクリーンショット>を
クリックして、

4 目的のウィンドウを
クリックします。

株式会社

Hint

ウィンドウの一部を挿入するには?

ウィンドウの一部を切り抜いてスライドに挿入するには、<挿入>タブの<スクリーンショット>をクリックして、<画面の領域>をクリックします。目的のウィンドウの切り抜く部分をドラッグすると、自動的にスクリーンショットが挿入されます。

第10章 図形・画像・表の挿入

261

ハイパーリンクの設定

Webブラウザーのスクリーンショットを挿入しようとすると、手順**5**の画面が表示される場合があります。<はい>をクリックすると、挿入したスクリーンショットにURLのハイパーリンクが設定されます。スライドショー実行中に画像をクリックすると、Webブラウザーが起動して挿入した画面が表示されます。ハイパーリンクを設定しない場合は、<いいえ>をクリックします。

5 この画面が表示された場合は、ハイパーリンクを設定するかどうかを選択すると（左の「Memo」参照）、

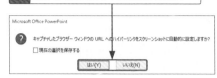

6 スクリーンショットが挿入されます。

3 ビデオを挿入する

1 ビデオを挿入するスライドを表示して、

新潟いろいろ体験プラン

- 笹だんごづくり
- せんべい手焼き
- 地引網（5-10月）
- 雪かき（1-3月）
- 雪あそび（1-3月）
- 田植え（5月）
- 稲刈り（9-10月）

・テキストを入力

2 プレースホルダーの<ビデオの挿入>をクリックし、

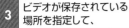

3 ビデオが保存されている場所を指定して、

4 目的のビデオファイルをクリックし、

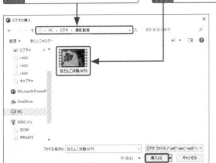

StepUp

タブから挿入する

<挿入>タブの<メディア>グループにある<ビデオ>をクリックし、<このコンピューター上のビデオ>をクリックすることでも、手順**3**の<ビデオの挿入>ダイアログボックスを表示できます。

5 <挿入>をクリックすると、

6 ビデオが挿入されます。

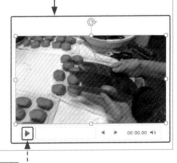

新潟いろいろ体験プラン

- 笹だんごづくり
- せんべい手焼き
- 地引網（5-10月）
- 雪かき（1-3月）
- 雪あそび（1-3月）
- 田植え（5月）
- 稲刈り（9-10月）

クリックすると、ビデオが再生されます。

Memo

動画の再生開始

初期設定では、スライドショー実行時にスライドをクリックするか、動画の画面下に表示される▶をクリックすると、動画が再生されます。スライドが切り替わったときに自動的に動画が再生されるようにするには、動画をクリックして選択し、<再生>タブの<開始>のメニューで<自動>をクリックします。

Excelの表やグラフを貼り付ける

スライドには、Excelで作成した表やグラフをコピーして貼り付けることができます。<リンク貼り付け>を利用すると、もとのExcelファイルを編集したときに、スライドの表やグラフも更新されます。

1 Excelの表をそのまま貼り付ける

| 1 | Excelの表をドラッグして選択し、 |

Hint

Excelのグラフをコピーするには？

Excelのグラフをコピーするには、グラフをクリックして選択し、手順**2**以降の操作を行います。

| 2 | <ホーム>タブをクリックして、 |

| 3 | <コピー>をクリックします。 |

| 4 | PowerPointで貼り付けるスライドを表示して、 |

| 5 | <ホーム>タブをクリックし、 |

| 6 | <貼り付け>のここをクリックして、 |

| 7 | <元の書式を保持>をクリックすると、 |

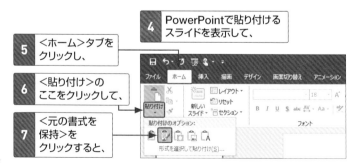

264

8 Excelの表がもとの書式のまま貼り付けられます。

宿泊料金表

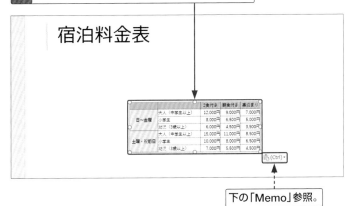

下の「Memo」参照。

貼り付けのオプションの選択

手順**7**では、貼り付けのオプションを＜0貼り付け先のスタイルを使用＞、＜元の書式を保持＞、＜埋め込み＞、＜図＞、＜テキストのみ保持＞から選択します。ここでは、Excelの表の書式を適用するため、＜元の書式を保持＞をクリックします。なお、貼り付けのオプションは、＜ホーム＞タブの＜貼り付け＞のアイコン部分をクリックして貼り付けたあと、表の右下に表示される＜貼り付けのオプション＞からも選択できます。

1 クリックして、

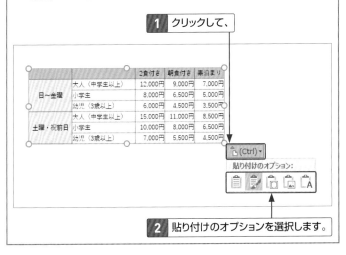

2 貼り付けのオプションを選択します。

2 Excelとリンクした表を貼り付ける

1 P.264の手順**1**〜**4**を参考に、Excelの表を
コピーしてPowerPointで貼り付けるスライドを表示し、

2 <ホーム>タブを
クリックして、

3 <貼り付け>の
ここをクリックし、

4 <形式を選択して貼り付け>を
クリックします。

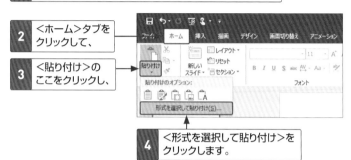

5 <リンク貼り付け>を
クリックして、

6 <Microsoft Excelワークシート
オブジェクト>をクリックし、

7 <OK>を
クリックすると、

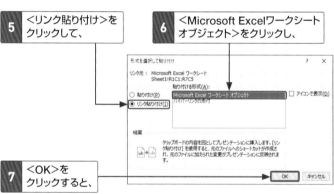

8 Excelの表がリンク貼り付けされます。

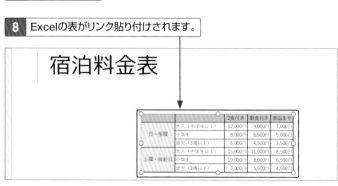

第11章

スライドを仕上げる

画面切り替え効果を 設定する

スライドが次のスライドに切り替わるときに、「画面切り替え効果」 というアニメーション効果を設定すると、プレゼンテーションに変 化をつけることができます。

1 スライドに画面切り替え効果を設定する

1 画面切り替え効果を設定する スライドを表示して、

2 <画面切り替え>タブをクリックし、

3 <画面切り替え>グループのここをクリックして、

第11章 スライドを仕上げる

―**M**emo―――――

アニメーション効果

スライドにアニメーション効果を設定すると、表現力豊かなプレゼンテーションを 作成できます。アニメーション効果には、「画面切り替え効果」と「(オブジェクト の) アニメーション効果」(第11章Sec.18参照) の2種類があります。

268

4 目的の画面切り替え効果 (ここでは <ページカール>) をクリックすると、

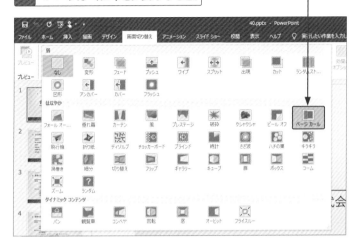

5 画面切り替え効果が設定されます。

画面切り替え効果が設定された
スライドには、アイコンが表示されます。

Keyword

画面切り替え効果

「画面切り替え効果」と
は、スライドから次のスラ
イドへ切り替わる際に、画
面に変化を与えるアニメー
ション効果のことです。ス
ライドがページをめくるよう
に切り替わる「ページカー
ル」をはじめとする48種
類から選択できます。

第11章 スライドを仕上げる

Hint

画面切り替え効果を削除するには?

設定した画面切り替え効果を削除するには、目的のスライドを表示して、手順**4**
の画面を表示し、左上の<なし>をクリックします。

269

2 画面切り替え効果のオプションを設定する

1 画面切り替え効果のオプションを
設定するスライドを表示して、

2 <画面切り替え>タブをクリックし、

3 <効果のオプション>を
クリックして、

4 目的のオプション
(ここでは<1枚左へ>)を
クリックします。

5 <すべてに適用>をクリックすると、

StepUp

画面切り替え効果のスピードの設定

画面切り替え効果のスピードを設定するには、<画面切り替え>タブの<タイミング>グループにある<期間>で、画面切り替え効果にかかる時間を指定します。数値が小さいと、スピードが速くなります。

StepUp

スライドが切り替わるタイミングの設定

画面切り替え効果を設定した直後の状態では、スライドショー実行中に画面をクリックすると、次のスライドに切り替わります。指定した時間で次のスライドに自動的に切り替わるようにするには、<画面切り替え>タブの<タイミング>グループにある<自動的に切り替え>をオンにし、横のボックスで切り替えまでの時間を指定します。

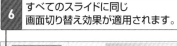
6 すべてのスライドに同じ
画面切り替え効果が適用されます。

3 画面切り替え効果を確認する

1 <画面切り替え>タブをクリックして、

2 <プレビュー>をクリックすると、

3 画面切り替え効果を確認できます。

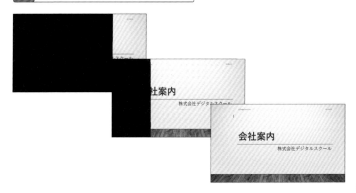

アニメーション効果を設定する

オブジェクトに注目を集めるには、「アニメーション効果」を設定して動きをつけます。このセクションでは、テキストが端から徐々に表示される「ワイプ」のアニメーション効果を設定します。

1 オブジェクトにアニメーション効果を設定する

1 アニメーション効果を設定するプレースホルダーの枠線をクリックして選択し、

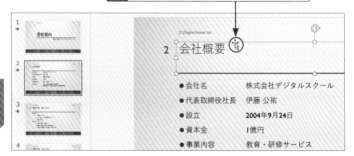

2 <アニメーション>タブをクリックして、

3 <アニメーション>グループのここをクリックし、

4 目的のアニメーション効果（ここでは
＜ワイプ＞）をクリックすると、

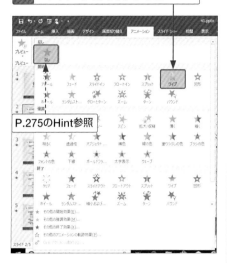

P.275のHintを参照

5 アニメーションが再生され、
アニメーション効果が設定されます。

P.275のHint参照

下の「Memo」参照。

─**M**emo────────────────

アニメーション効果の種類

アニメーション効果には、大きくわけて次の4種類があります。

① ＜開始＞
オブジェクトを表示するアニメーション効果を設定します。

② ＜強調＞
スピンなど、オブジェクトを強調させるアニメーション効果を設定します。

③ ＜終了＞
オブジェクトを消すアニメーション効果を設定します。

④ ＜アニメーションの軌跡＞
オブジェクトを自由に動かすアニメーション効果を設定します。

─**M**emo─────────────────────────────────

アニメーションの再生順序

アニメーション効果を設定すると、スライドのオブジェクトの左側にアニメーションの再生順序が数字で表示されます。アニメーション効果は、設定した順に再生されます。なお、この再生順序は、＜アニメーション＞タブ以外では非表示になります。

第11章 スライドを仕上げる

273

2 アニメーションの方向を設定する

1 <アニメーション>タブをクリックし、

2 アニメーション効果の再生順序をクリックして選択し、

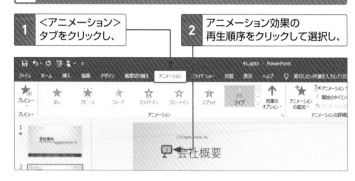

3 <効果のオプション>をクリックして、

4 目的の方向をクリックすると、アニメーションの方向が変更されます。

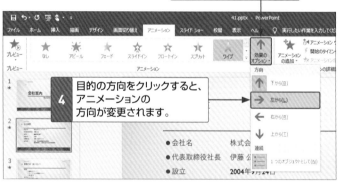

第11章 スライドを仕上げる

Memo

アニメーション効果の選択

アニメーション効果を選択するには、<アニメーション>タブをクリックして、目的のアニメーション効果の再生順序をクリックします。

Memo

アニメーションの方向の変更

「スライドイン」や「ワイプ」など、一部のアニメーション効果では、オブジェクトが動く方向を設定できます。なお、手順**3**の<効果のオプション>に表示される項目は、設定しているアニメーション効果によって異なります。

3 アニメーション効果を確認する

1 <アニメーション>タブをクリックして、

2 <プレビュー>のここをクリックすると、

3 アニメーション効果を確認できます。

Hint

アニメーション効果を削除するには?

アニメーション効果を削除するには、<アニメーション>タブをクリックして、目的のアニメーション効果の再生順序をクリックし、P.273の手順**4**の画面を表示して、左上の<なし>をクリックします。

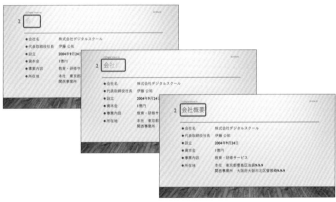

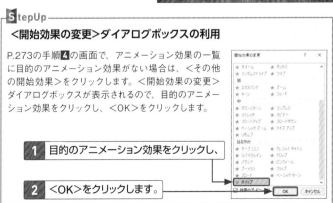

StepUp

<開始効果の変更>ダイアログボックスの利用

P.273の手順**4**の画面で、アニメーション効果の一覧に目的のアニメーション効果がない場合は、<その他の開始効果>をクリックします。<開始効果の変更>ダイアログボックスが表示されるので、目的のアニメーション効果をクリックし、<OK>をクリックします。

1 目的のアニメーション効果をクリックし、

2 <OK>をクリックします。

スライドショーを実行する

作成したスライドを1枚ずつ表示していくことを、「スライドショー」といいます。パソコンを利用してプレゼンテーションを行う場合、一般的にはプロジェクターを接続します。

1 発表者ツールを使用する

1 パソコンとプロジェクターを接続します。

2 <スライドショー>タブをクリックして、

3 <発表者ツールを使用する>をオンにし、

4 <最初から>をクリックすると、

5 スライドショーが開始されます。

プロジェクターからスライドショーが投影されます。

パソコンには発表者ツールが表示されます（P.278下の「Hint」参照）。

2 スライドショーを進行する

1 スライドショーを開始しています。

発表者ツール

スライドショー

Memo

アニメーションの再生や スライドの切り替え

リハーサル機能などで切り替えのタイミングを設定している場合は、スライドショーを実行すると、自動的にアニメーションが再生されたり、スライドが切り替わったりします。手動でスライドを切り替える場合は、画面上をクリックするか、Nを押します。

2 切り替えのタイミングを設定していると、自動的にスライドが切り替わり、スライドショーが進行します。

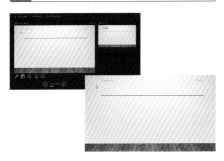

3 スライドショーが終わると、黒い画面が表示されるので、

4 スライド上をクリックすると、編集画面に戻ります。

Hint

前のスライドを 表示するには?

前のスライドを表示するには、Pを押します。

3 スライドを拡大表示する

Hint

発表者ツールを使用しない場合は?

スライドショーを実行するときに、発表者ツールを利用しない場合は、<スライドショー>タブの<モニター>グループにある<発表者ツールを使用する>をオフにします。

1 スライドショーを開始しています。

2 ここをクリックし、

Memo

スライドの拡大表示

スライドを拡大表示するには、発表者ツールの 🔍 をクリックします。マウスポインターの形が ⊕ に変わるので、スライド上の拡大したい部分をクリックすると、拡大表示されます。拡大表示すると、マウスポインターの形が 🖑 に変わるので、ドラッグしてスライドを移動できます。右クリックすると、表示がもとに戻ります。

Hint

発表者ツールが表示されない場合は?

プロジェクターを接続していない場合や、P.276の手順に従ってもパソコンに発表者ツールが表示されず、スライドショーが表示される場合は、スライド上を右クリックして、ショートカットメニューの<発表者ツールを表示>をクリックするか、右の手順に従います。

1 画面左下のここをクリックして、

2 <発表者ツールを表示>をクリックします。

3 拡大したい部分をクリックすると、

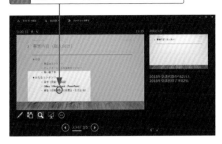

4 スライドが拡大して表示されます。

5 ここをクリックすると、もとに戻ります。

Memo

スライドショーの開始方法

スライドショーを開始する方法は、P.276の手順以外に F5 を押すか、クイックアクセスツールバーの<先頭から開始> をクリックする方法もあります。この場合、常に最初のスライドからスライドショーが開始されます。また、<スライドショー>タブの<現在のスライドから>をクリックするか、ウィンドウ右下の<スライドショー> をクリックすると、現在表示されているスライドからスライドショーが開始されます。

Memo

スライドショーのヘルプの表示

発表者ツールまたはスライドショー表示で をクリックし、<ヘルプ>をクリックすると、<スライドショーのヘルプ>ダイアログボックスが表示されます。スライドショー実行時やリハーサル時などに利用できるショートカットキーを確認することができます。

4 目的のスライドを表示する

Hint

スライドショーを中止するには?

スライドショーを中止するには、発表者ツールで左上に表示される<スライドショーの終了>をクリックするか、Escを押します。

1 スライドショーを開始しています。

2 ここをクリックすると、

3 スライドの一覧が表示されるので、

4 表示したいスライドをクリックすると、

Hint

スライドショーの途中で黒い画面を表示するには?

スライドショーの途中でBを押すと、スライドショーが一時停止して黒い画面が表示され、再度Bを押すと、スライドショーが再開されます。また、Wを押すと、白い画面が表示されます。

5 目的のスライドが表示されます。

┌─ **Memo** ─────────────────────────────────────

発表者ツールの利用

発表者ツールでは、ボタンをクリックしてアニメーションの再生やスライドの切り替え、スライドショーの中断、再開、中止などを行うことができます。また、スライドショーの途中で黒い画面を表示させたり、ペンでスライドに書き込んだりすることも可能です。

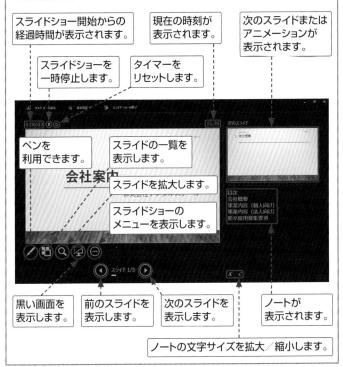

スライドショー開始からの経過時間が表示されます。	現在の時刻が表示されます。
スライドショーを一時停止します。	タイマーをリセットします。

次のスライドまたはアニメーションが表示されます。

ペンを利用できます。

スライドの一覧を表示します。

スライドを拡大します。

スライドショーのメニューを表示します。

黒い画面を表示します。

前のスライドを表示します。

次のスライドを表示します。

ノートが表示されます。

ノートの文字サイズを拡大／縮小します。

─────────────────────────────────────

┌─ **Memo** ─────────────────────────────────────

スライドショー表示での操作

スライドショー表示の画面左下のアイコンを利用すると、スライドショーの進行や各種設定を行うことができます。なお、スライドショーの実行中は、マウスポインターが非表示になりますが、マウスを大きく動かすと、マウスポインターとアイコンが表示されます。各アイコンの役割は、発表者ツールと同様です。

画面左下にアイコンが表示されます。

─────────────────────────────────────

スライドを印刷する

プレゼンテーションを行う際に、あらかじめスライドの内容を印刷したものを資料として参加者に配布しておくと、参加者は内容を理解しやすくなります。

1 スライドを1枚ずつ印刷する

1 <ファイル>タブをクリックして、

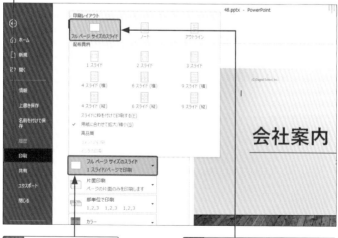

2 <印刷>をクリックし、

3 ここをクリックして、

4 <フルページサイズのスライド>をクリックします。

5 ここをクリックして、

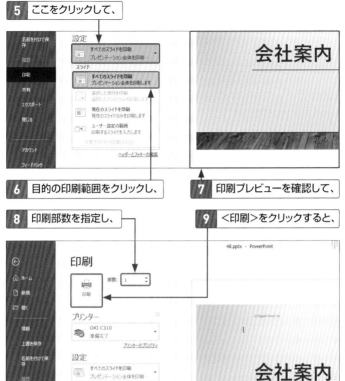

6 目的の印刷範囲をクリックし、

7 印刷プレビューを確認して、

8 印刷部数を指定し、

9 <印刷>をクリックすると、

10 スライドが1枚ずつ印刷されます。

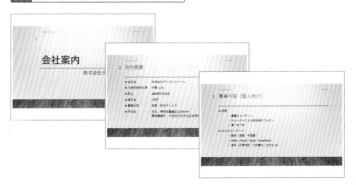

INDEX 索引

INDEX 索引

■ お問い合わせの例

FAX

1 お名前
技評 太郎

2 返信先の住所またはFAX番号
03-××××-××××

3 書名
今すぐ使えるかんたんmini
Word & Excel &
PowerPoint 2019 基本技

4 本書の該当ページ
28ページ

5 ご使用のOSとソフトウェアのバージョン
Windows 10 Pro
Word 2019

6 ご質問内容
手順2の画面が表示されない

お問い合わせについて

本書に関するご質問については、本書に記載されている内容に関するもののみとさせていただきます。本書の内容と関係のないご質問につきましては、一切お答えできませんので、あらかじめご了承ください。また、電話でのご質問は受け付けておりませんので、必ずFAXか書面にて下記までお送りください。
なお、ご質問の際には、必ず以下の項目を明記していただきますようお願いいたします。

1 お名前
2 返信先の住所またはFAX番号
3 書名
 （今すぐ使えるかんたんmini Word &
 Excel & PowerPoint 2019基本技）
4 本書の該当ページ
5 ご使用のOSとソフトウェアのバージョン
6 ご質問内容

なお、お送りいただいたご質問には、できる限り迅速にお答えできるよう努力いたしておりますが、場合によってはお答えするまでに時間がかかることがあります。また、回答の期日をご指定なさっても、ご希望にお応えできるとは限りません。あらかじめご了承くださいますよう、お願いいたします。
ご質問の際に記載いただきました個人情報は、回答後速やかに破棄させていただきます。

今すぐ使えるかんたんmini
Word & Excel &
PowerPoint 2019基本技

2020年5月30日　初版　第1刷発行

著者●AYURA＋稲村暢子＋技術評論社編集部
発行者●片岡 巌
発行所●株式会社 技術評論社
　　　　東京都新宿区市谷左内町21-13
　　　　電話　03-3513-6150　販売促進部
　　　　　　　03-3513-6160　書籍編集部
装丁●田邉 恵里香
本文デザイン●リンクアップ
編集●田村 佳則
DTP●技術評論社 制作業務課
製本／印刷●図書印刷株式会社

定価はカバーに表示してあります。

問い合わせ先

〒162-0846
東京都新宿区市谷左内町21-13
株式会社技術評論社　書籍編集部
「今すぐ使えるかんたんmini Word &
Excel & PowerPoint 2019基本技」質問係

FAX番号　03-3513-6167

https://book.gihyo.jp/116

ISBN978-4-297-11303-2 C3055

Printed in Japan